高等职业教育“互联网+”创新型系列教材

Java 程序设计基础项目化教程

主　编　丁　文

副主编　庄爱云

参　编　姚羽轩　易琪赞

机 械 工 业 出 版 社

本书根据“程序设计员”“软件设计工程师”职业资格要求，通过项目“乐GO购物管理系统”贯穿所有的知识点，再将所有知识应用到两个项目“校园茶社点餐系统开发”“高铁购票系统开发”中。通过项目的完成，学生可以灵活运用程序设计的基础知识完成软件项目设计，提升自身项目工程实践能力，为后续专业核心课程的学习打下扎实的基础。

本书配套相应的数字资源，任务中的知识点和技能点配有5~15min的微课视频，读者可扫描书中二维码观看。同时还配有丰富的教学资源，包括课程简介、学习指南、课程标准、整体设计、教学课件、授课视频、实训任务清单及大量拓展项目、习题库、试题、案例等资源。可实行线上线下结合的智慧课堂教学。

本书主要面向高职高专软件技术、人工智能技术服务、移动应用开发、计算机网络技术、大数据技术与应用、计算机信息管理等专业的学生，同时也适用于有继续教育需求的社会学习者及从事计算机软件行业的技术人员。

图书在版编目（CIP）数据

Java程序设计基础项目化教程／丁文主编．—北京：机械工业出版社，2020.9（2024.6重印）
高等职业教育“互联网+”创新型系列教材
ISBN 978-7-111-66489-5

Ⅰ.①J…　Ⅱ.①丁…　Ⅲ.①JAVA语言-程序设计-高等职业教育-教材　Ⅳ.①TP312

中国版本图书馆CIP数据核字（2020）第169578号

机械工业出版社（北京市百万庄大街22号　邮政编码100037）
策划编辑：赵志鹏　　责任编辑：赵志鹏　张星瑶
责任校对：王　欣　　封面设计：马精明
责任印制：单爱军
北京虎彩文化传播有限公司印刷

2024年6月第1版第6次印刷
184mm×260mm · 10.5印张 · 227千字
标准书号：ISBN 978-7-111-66489-5
定价：36.00元

电话服务	网络服务
客服电话：010-88361066	机　工　官　网：www.cmpbook.com
010-88379833	机　工　官　博：weibo.com/cmp1952
010-68326294	金　　书　　网：www.golden-book.com
封底无防伪标均为盗版	机工教育服务网：www.cmpedu.com

前　言

Java语言自推出以来，就以迅猛的发展速度成为计算机领域的主流编程语言，具有简单、面向对象、健壮性、安全性、可移植性、解释器通用、多线程、高性能等特点，在商业、工业等很多领域大量应用。可以说学好 Java 语言是成为一个优秀的软件开发工程师的基本要求。

本书以市场就业为导向，准确把握高职高专软件专业人才的培养目标和特点，充分调查研究国内软件企业，以行业、企业项目情境为载体，形成以实践为主、知识为辅的新形态教材。本书将 Java 程序设计基础知识融入各个工作任务中，随着项目开发的层层递进，逐步呈现软件开发的工作过程，注重培养学生的逻辑思维能力、项目开发能力和职业能力。

本书特色：

1）编写团队有多年的 Java 教学经验和较强的项目应用开发能力，团队成员中有具备丰富的企业实践能力的教师和企业工程师。

2）配有丰富的线上课程教学资源，线上线下结合，构建智慧课堂。授课过程以企业项目贯穿，将课程知识点和技能点融入项目和任务中。任务中的知识点和技能点配有 5～15min 的微课视频。同时还配有丰富的教学资源，包括教学课件、随堂作业、随堂讨论、习题测试、图片、动画、案例、难点集锦、热点问题等，满足学生在线学习的要求。

3）校企合作，优化课程体系。将职业资格技能等级认证内容、企业项目、典型案例融入课程体系中。根据学生专业学习的阶梯式成长特征，运用信息化平台，系统设计学习任务、拓展任务、项目实训等三级任务递进学习路径，并联合企业专家根据软件技术行业新技术、新要求、新标准更新课程体系内容。

4）融入课程思政，充实教学内容。根据课程特点及培养目标，在课程教学内容设计中融入了人生观、世界观、社会主义核心价值观等思政教育内容。将学习内容融入行业标准，实现课程思政与专业知识的深度整合，培养学生的综合素质，通过具体的项目案例近距离传递给学生爱岗敬业、勤奋踏实、不怕苦、不怕累、务实苦干的精神，让学生成为一个有责任心、有担当的有用人才。

本书由丁文任主编，庄爱云任副主编，姚羽轩、易琪赞任参编，参与本节编写的教师都有丰富的 Java 课程教学经验和项目应用开发经验。庄爱云负责 Java 入门准备、乐 GO 购物

管理系统的会员管理模块功能实现的编写；姚羽轩负责乐 GO 购物管理系统的商品结算功能实现、乐 GO 购物管理系统的商品统计功能实现的编写；丁文负责乐 GO 购物管理系统的购物车功能实现、乐 GO 购物管理系统的管理员登录及会员信息管理模块功能实现的编写；易琪赞负责校园茶社点餐系统开发、高铁购票系统开发的编写。

本书在编写过程中得到了湖南机电职业技术学院、湖南厚溥教育科技有限公司各级领导和同事的大力支持和协助，在此表示由衷的感谢。在本书的编写过程中，还参考了相关文献，在此对文献的作者表示诚挚的谢意。

由于编者水平有限，书中的缺点和错误在所难免，恳请读者批评和指正。编者邮箱：706901219@ qq. com。

编　者

二维码索引

视频名称	二维码	页码	视频名称	二维码	页码
Java 入门准备		2	机器人自助点餐系统菜单显示		25
Java 开发环境搭建与配置		5	变量		33
开发 Java 程序		12	打印购物小票		34
JDK 安装与配置		14	输入商品折扣		34
成功登录购物系统的提示信息实现		15	关系运算符		37
Eclipse 开发 Java 程序		16	实现幸运抽奖		41
第一个 Java 程序		21	判断折扣价格		42
购物系统登录界面显示		23	加密程序		43
购物系统功能界面显示		24	项目简介		47

（续）

视频名称	二维码	页码	视频名称	二维码	页码
多重 if 选择结构		50	查询商品价格		67
会员信息录入		52	循环录入会员信息		68
会员抽奖		52	for 循环语句		70
计算会员折扣		53	购物结算、抽奖，并打印购物小票		72
switch 选择结构		54	猜数字游戏		73
菜单跳转		56	统计打折商品的数量		76
商品换购		56	统计所有会员的消费总额		77
BMI 计算及体型判断		58	银行 ATM 存取款系统登录功能实现		78
while 语句		65	商品名称显示		88
do-while 语句		66	商品单价显示及结算		88

（续）

视频名称	二维码	页码	视频名称	二维码	页码
数组排序		89	会员信息管理模块功能实现		109
数组查找与比较		90	购物系统商品管理模块功能实现		109
商品销售排行榜		92	银行 ATM 存取款系统		114
逆序输出		93	校园茶社点餐系统项目导入		119
评委打分		94	校园茶社点餐系统的登录与注册		120
类的方法		101	校园茶社点餐系统会员管理		125
管理员的登录功能		104	校园茶社点餐系统商品信息管理		131
人机猜拳游戏		104	校园茶社点餐系统点餐功能		137
带参方法		106	高铁购票系统项目效果		157
学生信息添加和显示功能实现		106			

目 录

前言
二维码索引

项目 1　Java 入门准备 …… 1
学习目标 …… 1
项目描述 …… 1
任务 1　认识 Java 与搭建 Java 开发环境 …… 1
任务 2　乐 GO 购物管理系统的功能菜单显示 …… 15
项目实训 …… 24
项目小结 …… 25
项目测试 …… 25
实践作业 …… 26
项目评价 …… 27

项目 2　乐 GO 购物管理系统的商品结算功能实现 …… 29
学习目标 …… 29
项目描述 …… 29
任务 1　实现购物结算并打印购物小票 …… 29
任务 2　实现幸运抽奖 …… 34
项目实训 …… 42
项目小结 …… 43
项目测试 …… 43
实践作业 …… 45
项目评价 …… 45

项目 3　乐 GO 购物管理系统的会员管理模块功能实现 …… 47
学习目标 …… 47
项目描述 …… 47
任务 1　实现会员录入及会员折扣计算功能 …… 47
任务 2　实现商品换购功能 …… 53

项目实训 …… 56
项目小结 …… 58
项目测试 …… 59
实践作业 …… 61
项目评价 …… 62

项目 4　乐 GO 购物管理系统的购物车功能实现 …… 64

学习目标 …… 64
项目描述 …… 64
任务 1　按编号查询商品价格 …… 64
任务 2　实现购物结算、抽奖及小票打印功能 …… 69
任务 3　统计打折商品的数量 …… 74
项目实训 …… 77
项目小结 …… 78
项目测试 …… 78
实践作业 …… 81
项目评价 …… 82

项目 5　乐 GO 购物管理系统的商品统计功能实现 …… 84

学习目标 …… 84
项目描述 …… 84
任务 1　显示商品名称 …… 84
任务 2　商品销售排行榜 …… 88
项目实训 …… 93
项目小结 …… 94
项目测试 …… 94
实践作业 …… 95
项目评价 …… 96

项目 6　乐 GO 购物管理系统的管理员登录及会员信息管理模块功能实现 …… 98

学习目标 …… 98
项目描述 …… 98
任务 1　定义管理员类并实现登录功能 …… 98
任务 2　会员信息管理模块功能实现 …… 105
项目实训 …… 113
项目小结 …… 114

项目测试 …… 114
实践作业 …… 116
项目评价 …… 117

项目 7　综合项目应用——校园茶社点餐系统开发 …… 119

项目描述 …… 119
项目要求 …… 119
任务 1　校园茶社点餐系统的登录与注册 …… 120
任务 2　校园茶社点餐系统的会员管理 …… 125
任务 3　校园茶社点餐系统的商品信息管理 …… 131
任务 4　校园茶社点餐系统的点餐功能 …… 137

项目 8　综合项目应用——高铁购票系统开发 …… 141

项目描述 …… 141
项目要求 …… 141
任务 1　高铁购票系统的用户管理功能实现 …… 142
任务 2　高铁购票系统的车次添加 …… 147
任务 3　高铁购票系统的购票功能实现 …… 152
任务 4　高铁购票系统的退票功能实现 …… 156

参考文献 …… 158

项目 1 Java入门准备

学习目标

通过本项目的学习，应达到以下学习目标：

- 了解 Java 的发展历史
- 了解 Java 语言的特点
- 掌握 Java 环境的搭建与配置
- 掌握 Java 程序结构和输出语句
- 掌握 Java 程序注释与编码规范

项目描述

本项目通过乐 GO 购物管理系统演示的实现，使学生掌握 Java 程序结构、Java 语言特点、Java 输出语句等基础知识，主要实现购物系统登录界面和功能界面展示功能。

任务 1　认识 Java 与搭建 Java 开发环境

【任务目标】

通过任务实现，完成以下学习目标：

- 了解 Java 历史与 Java 语言特点
- 掌握 Java 开发环境搭建与配置

【任务描述】

- 实现乐 GO 购物管理系统演示的 Java 环境搭建

【知识准备】

科学技术是第一生产力。目前我国正大力发展以计算机技术为代表的信息技术，其中最具创造性的就是程序设计。Java 是近 10 年来计算机软件发展过程中的传奇，受到众多开发

者的热爱。有些计算机语言随着时间的流逝影响也逐渐减弱，但 Java 随着时间的推移反而变得更加强大。

古人说“学如弓弩，才如箭镞”，学问的根基好比弓弩，才能好比箭头，只有依靠厚实的见识来引导才可以让才能发挥作用。目前学生正处于学习的黄金时期，应该把学习作为首要任务，作为一种责任、一种精神追求、一种生活方式，树立梦想从学习开始。

在当今技术时代，需要扎实学好 Java 基础，让自己具备利用 Java 语言工具解决实际问题的能力。

1. Java 发展历史

扫码看视频

Java 是由 Sun Microsystems 公司于 1995 年推出的一门面向对象的程序设计语言。2010 年 Oracle 公司收购 Sun Microsystems 后，由 Oracle 公司负责 Java 的维护和版本升级。

Java 还是一个平台。Java 平台由 Java 虚拟机（Java Virtual Machine，JVM）和 Java 应用编程接口（Application Programming Interface，API）构成。Java 应用编程接口为此提供了一个独立于操作系统的标准接口，可分为基本部分和扩展部分。在硬件或操作系统平台上安装一个 Java 平台之后，就可以运行 Java 应用程序了。

Java 平台已经嵌入到几乎所有的操作系统，只需编译一次，就可以在各种操作系统中运行。

在编程语言排行榜中，2018 和 2019 年 Java 均为第一名，如图 1－1 所示。

2019 年	2018 年	变化	编程语言	占比	占比变化
1	1		Java	16.904%	+2.69%
2	2		C	13.337%	+2.30%
3	4	∧	Python	8.294%	+3.62%
4	3	∨	C++	8.158%	+2.55%
5	7	∧	Visual Basic. NET	6.459%	+3.20%
6	6		JavaScript	3.302%	−0.16%
7	5	∨	C#	3.284%	−0.47%
8	9	∧	PHP	2.680%	+0.15%
9	–	︽	SQL	2.277%	+2.28%
10	16	︽	Objective-C	1.781%	−0.08%

图 1－1 编程语言排行榜

根据应用范围可将 Java 分为 3 个体系，即 Java SE、Java EE 和 Java ME。

（1）Java SE

Java SE（Java Platform Standard Edition，Java 平台标准版，曾称为 J2SE）是允许在桌面、服务器、嵌入式环境和实时环境中开发和部署的 Java 应用程序。Java SE 包含了支持 Java Web 服务开发的类，并为 Java EE 提供基础，如 Java 语言基础、JDBC（Java Database

Connectivity，Java 数据库连接）操作、I/O 操作、网络通信以及多线程等技术。Java SE 的体系结构如图 1－2 所示。

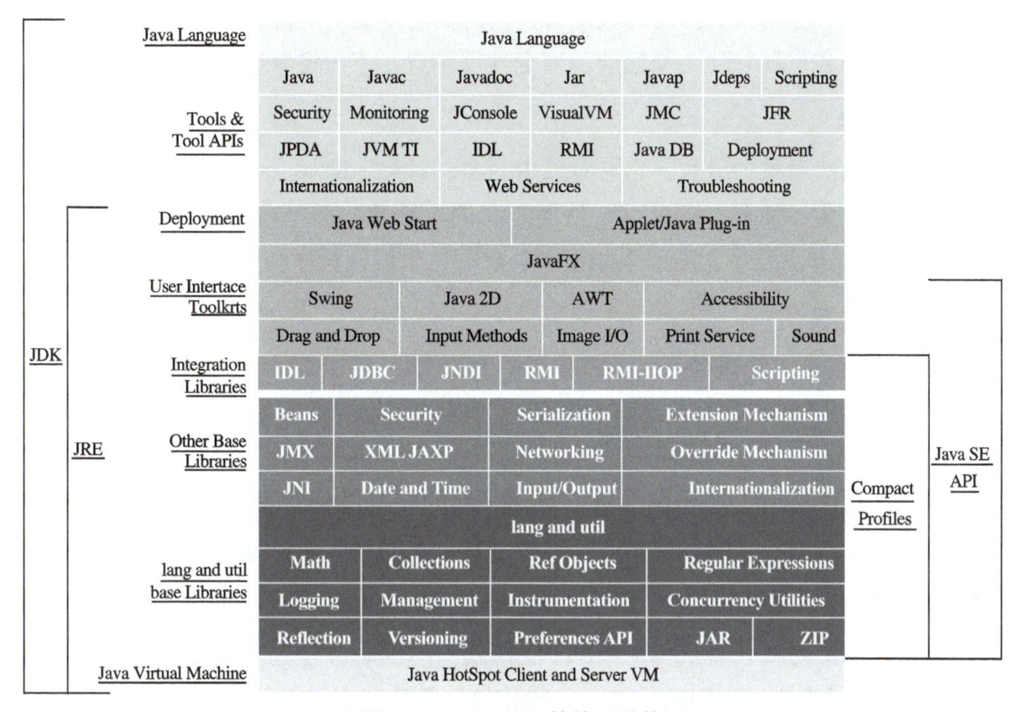

图 1－2　Java SE 的体系结构

（2）Java EE

Java EE（Java Platform Enterprise Edition，Java 平台企业版，曾称为 J2EE）帮助开发和部署可移植、健壮、可伸缩且安全的服务器端 Java 应用程序。Java EE 是在 Java SE 基础上构建的，它提供 Web 服务、组件模型、管理和通信 API，可以用来搭建企业级的面向服务的体系结构（Service Oriented Architecture，SOA）和编写 Web 2.0 应用程序。

（3）Java ME

Java ME（Java Platform Micro Edition，Java 平台微型版，曾称为 J2ME、K-JAVA）为在移动设备和嵌入式设备（如手机、PDA、电视机顶盒和打印机）上运行的应用程序提供一个健壮且灵活的环境。

Java ME 包括灵活的用户界面、健壮的安全模型、丰富的内置网络协议以及对可以动态下载的联网和离线应用程序。基于 Java ME 规范的应用程序只需编写一次就可以用于许多设备，还可以利用每个设备的本机功能。

2. Java 语言的特点

Java 语言的风格很像 C 语言和 C++ 语言，是一种纯粹的面向对象的程序语言，它继承了 C++ 语言面向对象的技术核心，但是抛弃了 C++ 的一些缺点，比如，容易引起错误的指针以及多继承等，同时也增加了垃圾回收机制，释放掉不被使用的内存空间，解决了内存空间管理的问题。

Java 语言是一种分布式的面向对象语言，具有面向对象、平台无关性、简单性、解释执行、多线程、分布式、健壮性、高性能、安全性等特点，下面将对这些特点进行介绍。

(1) 面向对象

Java 是一种面向对象的语言，它对对象中的类、对象、继承、封装、多态、接口、包等均有很好的支持。为了简便，Java 只支持类之间的单继承，但是可以使用接口来实现多继承。使用 Java 语言开发程序，需要采用面向对象的思想设计程序和编写代码。

(2) 平台无关性

平台无关性的具体表现在于 Java 是“一次编写，到处运行（Write Once，Run any Where)”的语言，因此采用 Java 语言编写的程序具有很好的可移植性，而保证这一点的正是 Java 的虚拟机机制。在引入虚拟机之后，Java 程序在不同的平台上运行不需要重新编译。

Java 语言使用 Java 虚拟机机制屏蔽了具体平台的相关信息，使得 Java 语言编译的程序只需生成虚拟机上的目标代码，就可以在多种平台上不加修改地运行。

(3) 简单性

Java 语言的语法与 C 语言和 C++ 语言很相近，使程序员学起来很容易。对 Java 来说，它舍弃了很多 C++ 中难以理解的特性，如操作符的重载和多继承等，而且 Java 语言不使用指针，加入了垃圾回收机制，解决了程序员需要管理内存的问题，使编程变得更加简单。

(4) 解释执行

Java 程序在 Java 平台运行时会被编译成字节码文件，可以在有 Java 环境的操作系统上运行。在运行文件时，Java 的解释器对这些字节码进行解释并执行，执行过程中需要加入的类在连接阶段被载入到运行环境中。

(5) 多线程

Java 语言是多线程的，这也是 Java 语言的一大特性，它必须由 Thread 类和它的子类来创建。Java 支持多个线程同时执行，并提供多线程之间的同步机制。任何一个线程都有自己的 run() 方法，要执行的方法就写在 run() 方法内。

(6) 分布式

Java 语言支持 Internet 应用的开发，在 Java 的基本应用编程接口中有一个网络应用编程接口，它提供了网络应用编程的类库，包括 URL、URLConnection、Socket 等。Java 的 RMI（Remote Method Invocation，远程方法调用）机制也是开发分布式应用的重要手段。

(7) 健壮性

Java 的强类型、异常处理、垃圾回收机制等都是 Java 健壮性的重要保证。对指针的丢弃是 Java 的一大进步。

（8）高性能

Java 的高性能主要是相对其他高级脚本语言来说的，随着 JIT（Just in Time，准时制）的发展，Java 的运行速度也越来越快。

（9）安全性

Java 通常被用在网络环境中，为此 Java 提供了一个安全机制来防止恶意代码的攻击。除了 Java 语言具有许多的安全特性以外，Java 还对通过网络下载的类增加了一个安全防范机制，分配不同的名字空间以防替代本地的同名类，并包含安全管理机制。

Java 语言的特性使其在众多编程语言中占有较大的市场份额，Java 语言对对象的支持和强大的 API 使编程工作变得更加容易和快捷，大大降低了程序的开发成本。Java 的“一次编写，到处执行”正是它吸引众多商家和编程人员的一大优势。

扫码看视频

3. Java 开发环境的安装与配置

Java 环境准备主要分两步（见图 1－3）。

第一步：进行 JDK 的下载及安装；

第二步：进行 JDK 环境配置。

（1）JDK 的下载及安装

JDK 是一种使用 Java 编程语言构建应用程序、Applet 和组件的开发环境，即编写 Java 程序时必须使用 JDK，它提供了编译和运行 Java 程序的环境。

在安装 JDK 之前，首先要到 Oracle 官网获取 JDK 安装包。

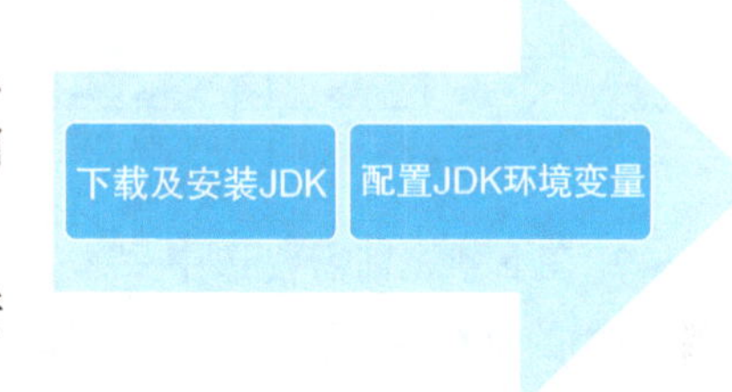

图 1－3　Java 环境安装步骤

1）打开 Oracle 公司的官方网站，选择导航目录中的 Java 选项，选择 JavaSE 进入 JDK 的下载页面。

2）单击“Downloads”选项卡，如图 1－4 所示。

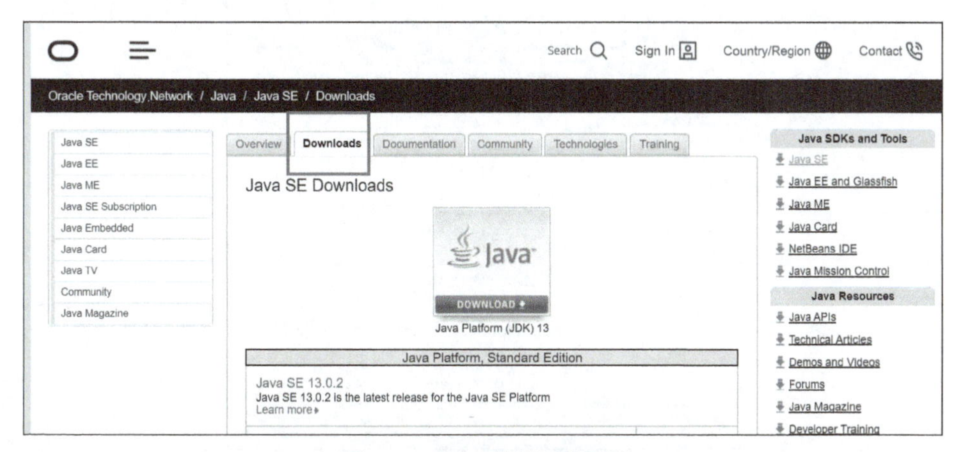

图 1－4　Java 软件下载界面

提示：由于 Java 版本和 Oracle 官网不断更新，当浏览 Java SE 的下载页面时，显示的是当前最新的版本和页面。

3）在页面中 JDK 下方单击“DOWNLOAD”按钮，如图 1－5 所示。进入的 JDK 下载页面中包括 Windows、Solaris 和 Linux 等不同平台环境 JDK 的下载链接。

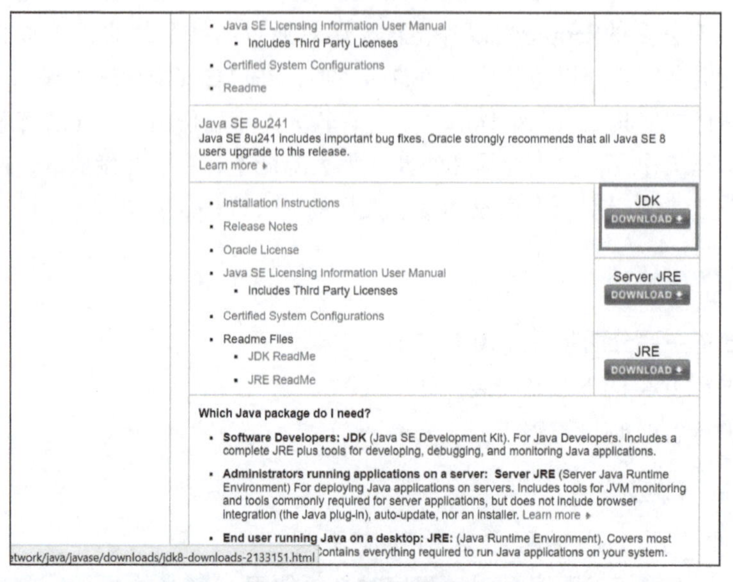

图 1－5　JDK 下载界面

4）在下载之前需要选中“Accept License Agreement”单选按钮，接受许可协议。由于本书中使用的是 64 位的 Windows 操作系统，因此这里需要选择与平台相对应的 Windows x64 类型的 jdk-8u241-windows-x64. exe，单击对应链接对 JDK 进行下载，如图 1－6 和图 1－7 所示。

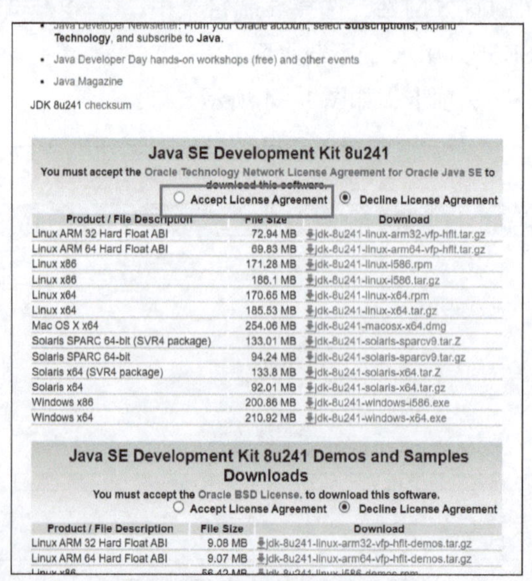

图 1－6　接受许可协议

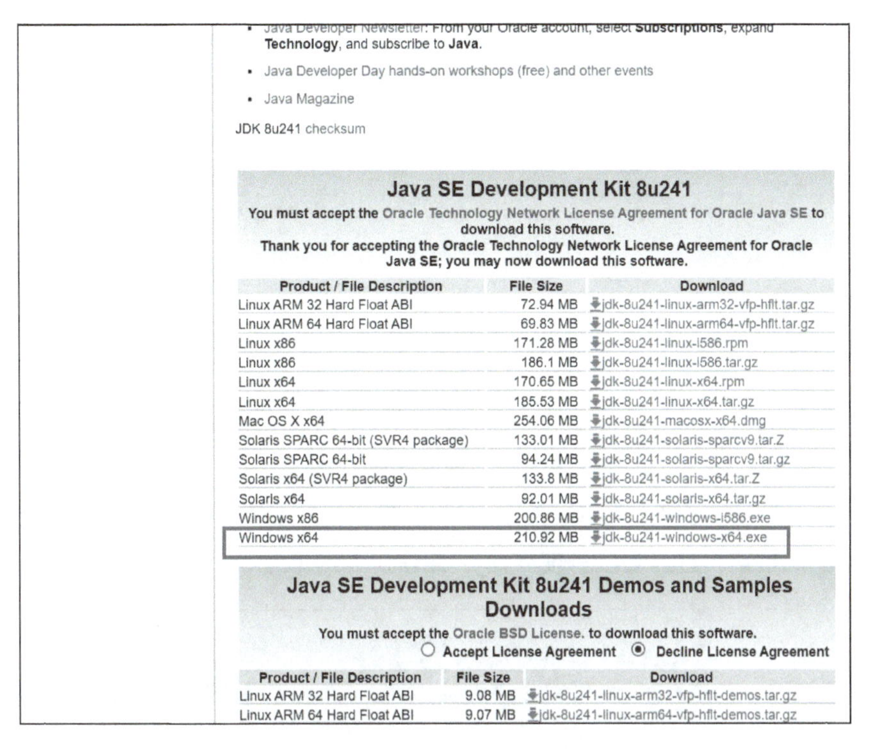

图 1－7　JDK 版本选择并下载

5）下载完成后，双击 jdk-8u241-windows-x64. exe 文件，打开 JDK 的安装界面，如图 1－8所示。

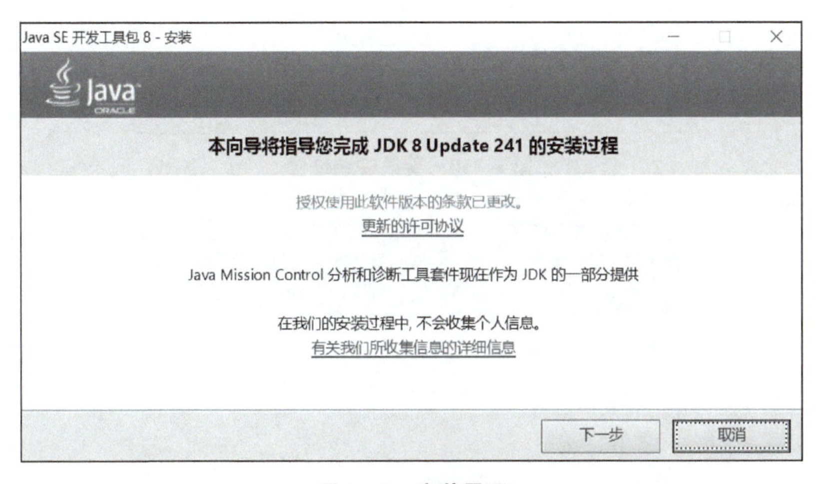

图 1－8　安装界面

6）单击“下一步”按钮，打开定制安装对话框。选择安装的 JDK 组件，如图 1－9所示。

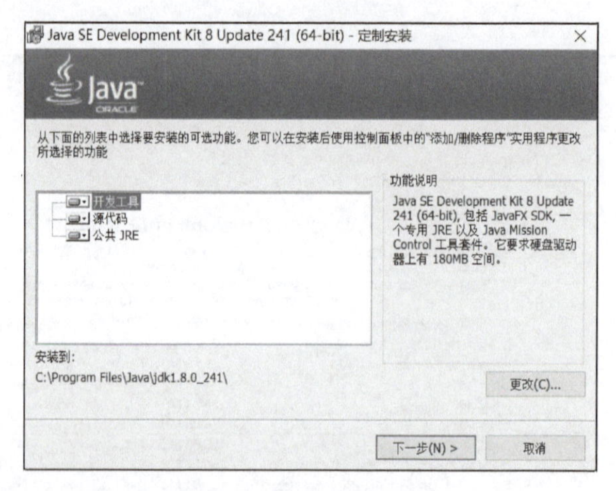

图 1-9　定制安装对话框

7）单击“更改”按钮，可以更改 JDK 的安装位置，如图 1-10 所示。更改完成之后，单击“下一步”按钮，进入安装进度界面，如图 1-11 所示。

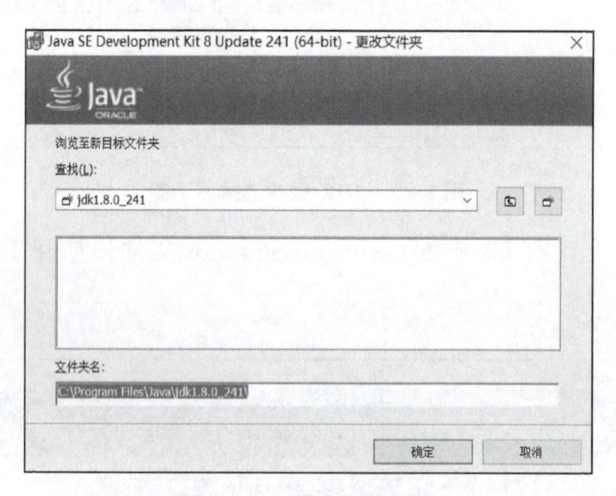

图 1-10　更改安装位置

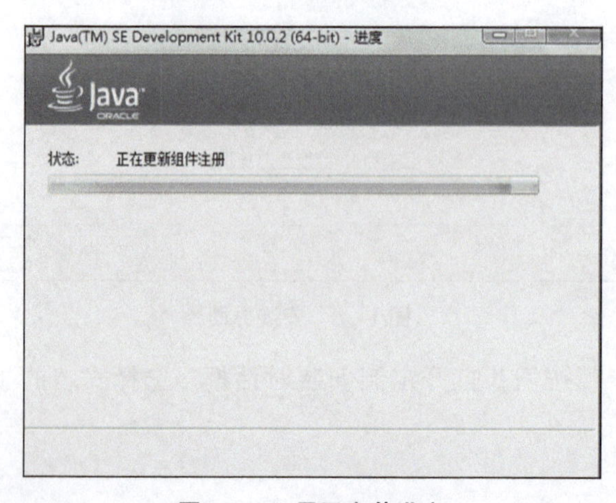

图 1-11　显示安装进度

8）在安装过程中会打开目标文件夹对话框，如图 1 – 12 所示。选择 JRE 的安装位置，这里使用默认值。

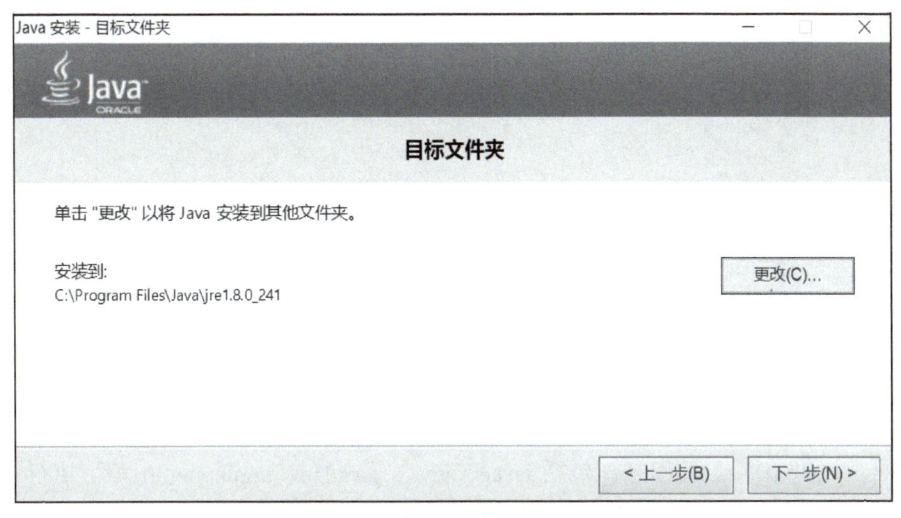

图 1 – 12　选择 JRE 的安装位置

9）单击“下一步”按钮，安装 JRE。JRE 安装完成后，将进入安装完成界面，如图 1 – 13 所示。

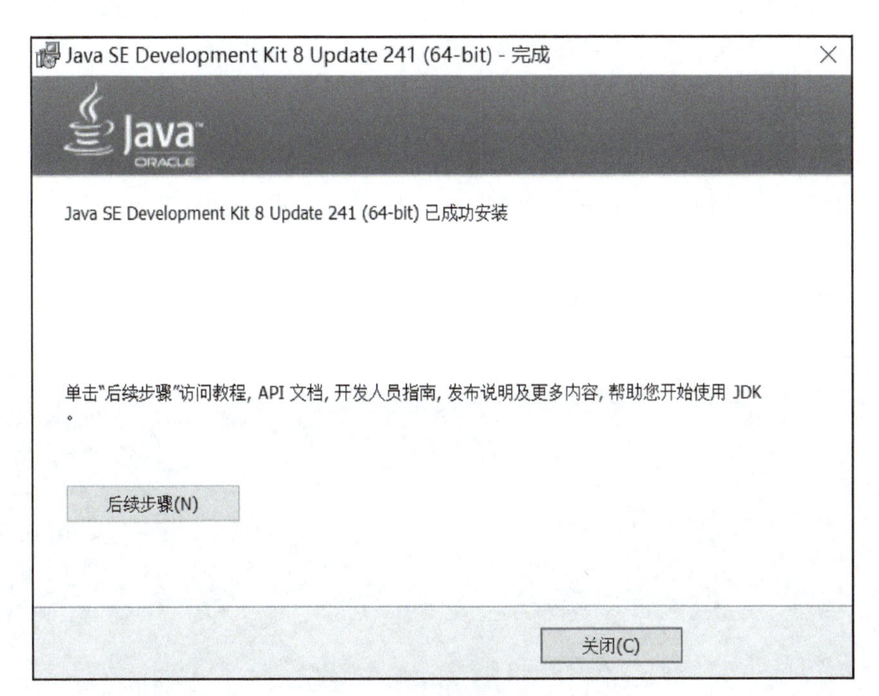

图 1 – 13　安装完成界面

10）安装完成后，在安装位置打开 JDK 文件夹，内容和目录结构如图 1 – 14 所示。

脑 > 本地磁盘 (C:) > Program Files > Java > jdk1.8.0_201　　搜索"jdk1.8.0_

名称	修改日期	类型
bin	2020/3/2 11:16	文件夹
include	2020/3/2 11:16	文件夹
jre	2020/3/2 11:16	文件夹
lib	2020/3/2 11:16	文件夹
COPYRIGHT	2018/12/15 19:14	文件
javafx-src.zip	2020/3/2 11:16	WinRAR ZIP 压缩文
LICENSE	2020/3/2 11:16	文件
README.html	2020/3/2 11:16	360 se HTML Docu
release	2020/3/2 11:16	文件
src.zip	2018/12/15 19:14	WinRAR ZIP 压缩文
THIRDPARTYLICENSEREADME.txt	2020/3/2 11:16	文本文档
THIRDPARTYLICENSEREADME-JAVAFX.txt	2020/3/2 11:16	文本文档

图 1－14　安装目录结构

文件夹中重要目录和文件说明如下。

- bin：提供 JDK 工具程序，包括 javac、java、javadoc、appletviewer 等可执行程序。
- include：存放用于本地访问的文件。
- jre：存放 Java 运行环境文件。
- lib：存放 Java 的类库文件。JDK 中的工具程序，大多由 Java 编写而成。
- src. zip：Java 提供的 API 类的源代码压缩文件。如果需要查看 API 的某些功能是如何实现的，可以查看这个文件中的源代码。

(2) JDK 环境配置

JDK 安装和配置完成后，可以测试其能否正常运行。选择“开始”→“运行”命令，在打开的“运行”对话框中输入 cmd 命令，按 <Enter> 键进入 DOS 环境。

在命令提示符后输入并执行 java-version 命令，系统如果输出 JDK 版本信息（见图 1－15），说明 JDK 已经配置成功。

图 1－15　查看 JDK 版本

提示：在命令提示符后输入测试命令时，需要注意 Java 和减号之间有一个空格，而减号和 Version 之间没有空格。

如果没有出现图 1－15 所示内容，说明 JDK 没有安装成功。另外，一些 Java 程序会通过环境变量搜索 JDK 的路径，使用压缩包安装 JDK 的方式也需要配置环境变量。以 Windows10 操作系统为例，配置环境变量的具体步骤如下。

1）右击“计算机”图标，从快捷菜单中选择“属性”命令，在打开的“系统属性”对话框中的“高级”选项卡中单击“环境变量”按钮，如图 1－16 所示。

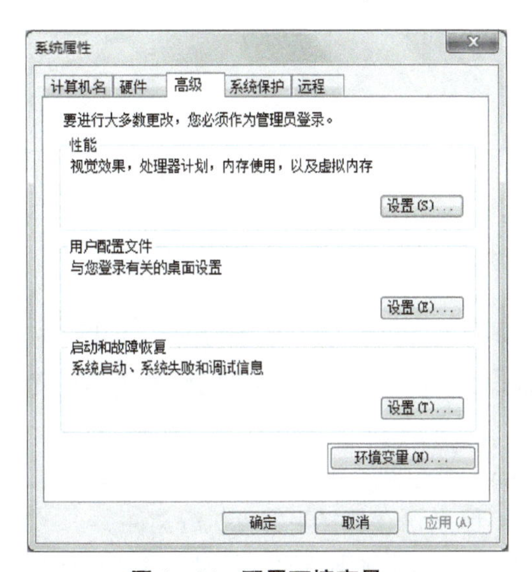

图 1－16　配置环境变量一

2）在打开的“环境变量”对话框中选中“系统变量”列表框中的 Path，再单击下方的“编辑”按钮，如图 1－17 所示。

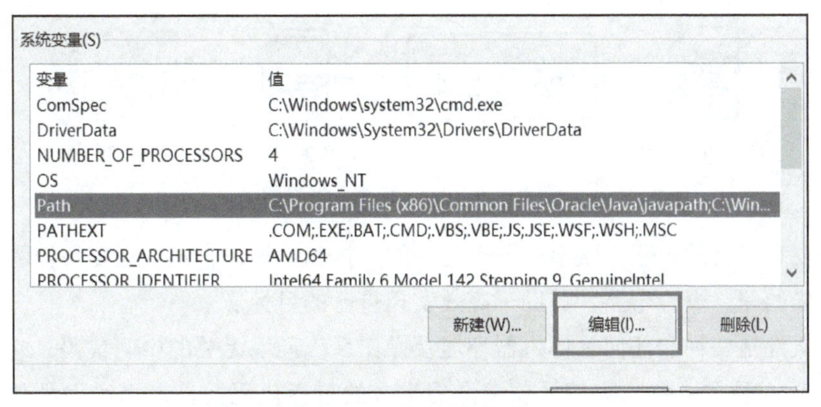

图 1－17　配置环境变量二

3）在打开的“编辑环境变量”对话框中单击“新建”按钮，并输入安装的 JDK 对应的 bin 目录，如图 1－18 所示。单击“确定”按钮完成环境变量配置。

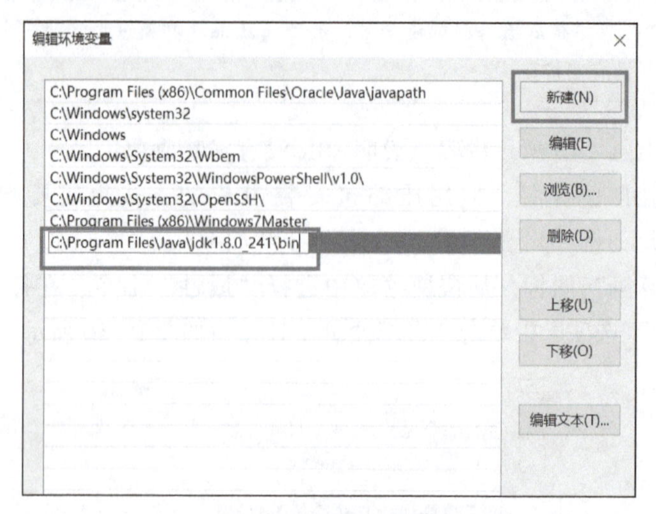

图 1-18　配置环境变量三

扫码看视频

4. Java 程序开发

Java 程序的开发过程分为 3 步：编写、编译和运行，如图 1-19 所示。

1）编写：是指在 Java 开发环境中进行程序代码的输入，最终形成扩展名为 . java 的 Java 源文件。

2）编译：是指使用 Java 编译器对源文件进行错误排查的过程，编译后将生成扩展名为. class 的字节码文件，不像 C 语言那样生成可执行文件。

3）运行：是指使用 Java 解释器将字节码文件翻译成机器代码，执行并显示结果。

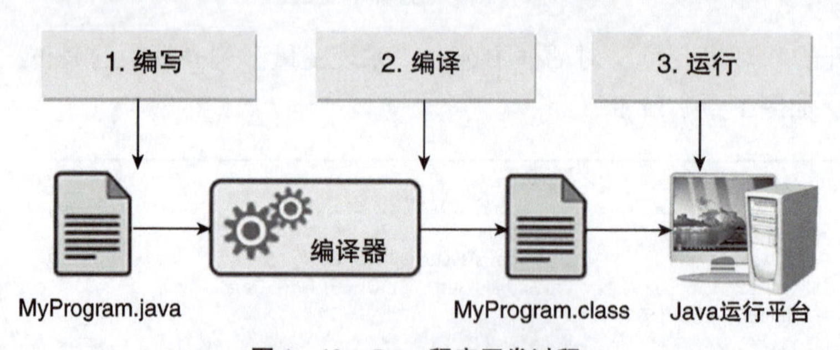

图 1-19　Java 程序开发过程

程序开发有自己的流程，做事也要有合理的安排和计划。合理安排做事流程是一个好习惯，是走正确的路、少走弯路，有助于高效实现自己的目标。

字节码文件是一种和任何具体机器环境及操作系统环境无关的中间代码。它是一种二进制文件，是 Java 源文件由 Java 编译器编译后生成的目标代码文件。编程人员和计算机都无法直接读懂字节码文件，它必须由专用的 Java 解释器来解释执行，因此 Java 是一种在编译基础上进行解释运行的语言。

Java 解释器负责将字节码文件翻译成具体硬件环境和操作系统平台下的机器代码，以便执行。因此 Java 程序不能直接运行在现有的操作系统平台上，它必须运行在被称为 Java 虚拟机的软件平台之上。

Java 虚拟机（JVM）是运行 Java 程序的软件环境，Java 解释器是 Java 虚拟机的一部分。在运行 Java 程序时，首先会启动 JVM，然后由它来负责解释执行 Java 的字节码程序，且 Java 字节码程序只能运行于 JVM 之上。这样就可以把 Java 字节码程序和具体的硬件平台以及操作系统环境分隔开，只要在不同的计算机上安装了针对特定平台的 JVM，Java 程序就可以运行，而不用考虑当前具体的硬件平台及操作系统环境，也不用考虑字节码文件是在何种平台上生成的。

JVM 把不同软、硬件平台的具体差别隐藏起来，从而实现了真正的二进制代码级的跨平台移植。JVM 是 Java 平台架构的基础，Java 的跨平台特性正是通过在 JVM 中运行 Java 程序实现的。JVM 的工作方式如图 1－20 所示。

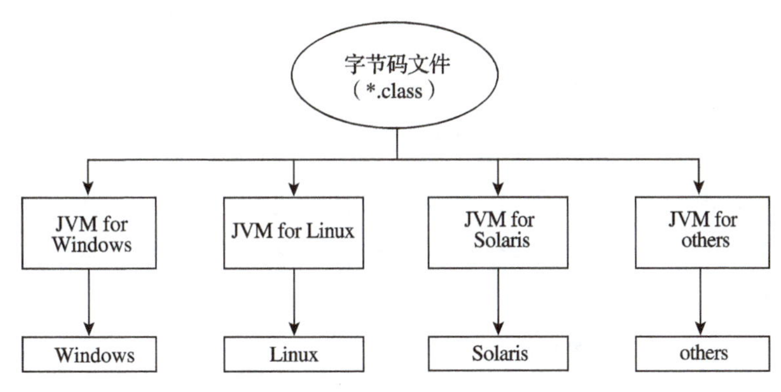

图 1－20　JVM 的工作方式

Java 语言这种“一次编写，到处运行”的方式有效地解决了目前大多数高级程序设计语言需要针对不同系统来编译产生不同机器代码的问题，即硬件环境和操作平台的异构问题，大大降低了程序开发、维护和管理的开销。

提示： Java 程序通过 JVM 可以实现跨平台特性，但 JVM 是不跨平台的。也就是说，不同操作系统的 JVM 是不同的，Windows 平台的 JVM 不能用在 Linux 平台，反之亦然。

【例 1－1】 用记事本进行简单 Java 程序的开发。

步骤一：使用记事本编辑源程序，以 .java 为扩展名保存，代码如下：

```
public class HelloWorld {
  public static void main(String[ ] args) {
    System.out.println("Hello  World!!!");
  }
}
```

步骤二：使用 javac 命令编译 HelloWorld. java 文件，生成 HelloWorld. class 文件，如

图 1－21 所示。

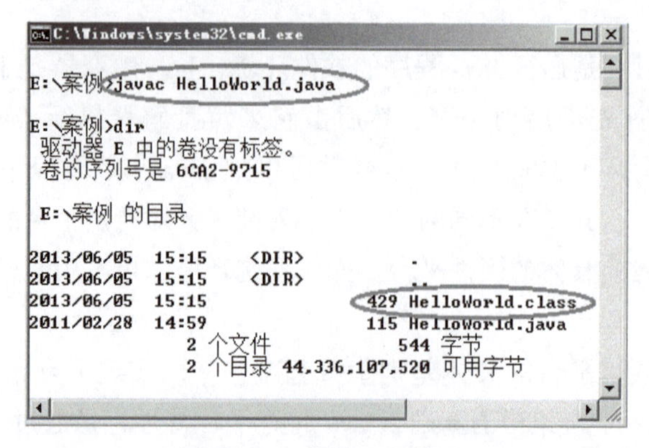

图 1－21　编译 Java 程序

步骤三：使用 java 命令运行 HelloWorld. class 文件，输出程序结果，如图 1－22 所示。

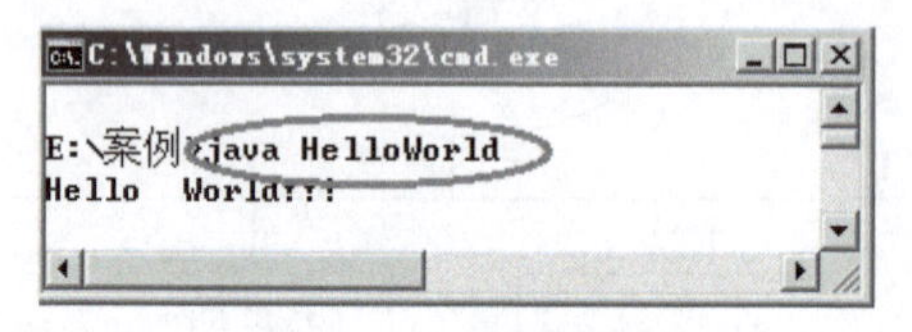

图 1－22　程序运行结果

【任务实施】

安装并配置 JDK，验证配置生效。

- 需求说明

1） 要求安装 JDK；

2） 配置环境变量。

- 训练要点

1） 会 JDK 的安装；

2） 会进行 JDK 环境变量的配置。

- 实现思路

1） 安装；

2） 环境变量配置；

3） 测试。

视频内容	JDK 安装与配置	

【任务拓展】

用记事本编写一个 Java 程序，要求实现用户登录购物系统成功后出现提示信息的功能。

- 需求说明

1）要求用记事本编写一个 Java 程序，在用户登录购物系统成功后出现提示信息；

2）编译并运行该程序。

- 训练要点

1）用记事本实现 Java 程序开发的流程；

2）Java 程序的编译和执行。

- 实现思路

1）用记事本编写 Java 程序；

2）编译并执行。

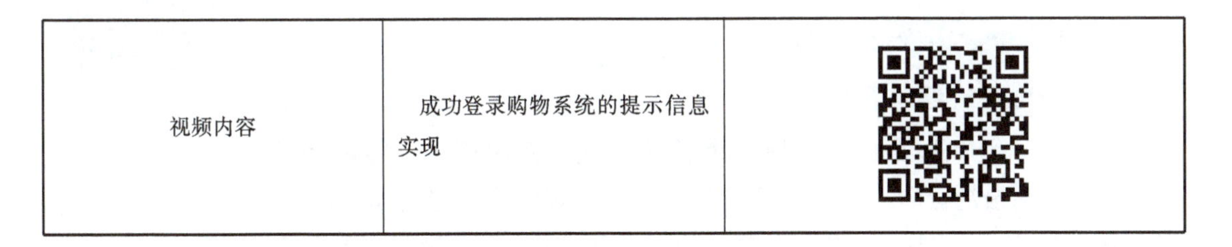

视频内容	成功登录购物系统的提示信息实现	

任务 2　乐 GO 购物管理系统的功能菜单显示

【任务目标】

通过任务实现，完成以下学习目标：

- Java 项目的创建
- 输出语句的使用

【任务描述】

- 实现 Java 项目的创建
- 实现乐 GO 购物管理系统的功能菜单显示
- 输出效果如图 1－23 和图 1－24 所示

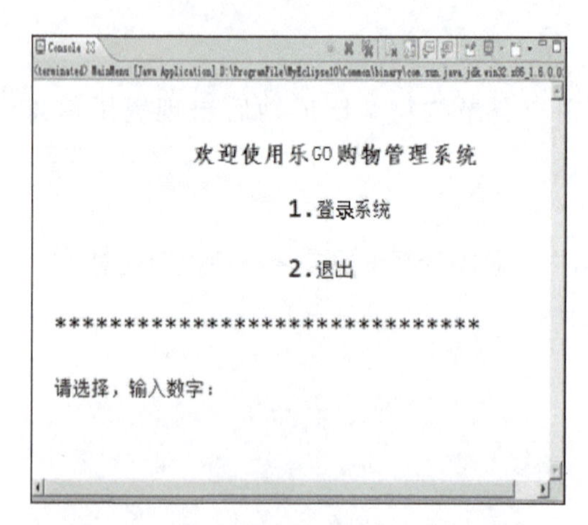

图 1－23　乐 GO 购物管理系统登录界面

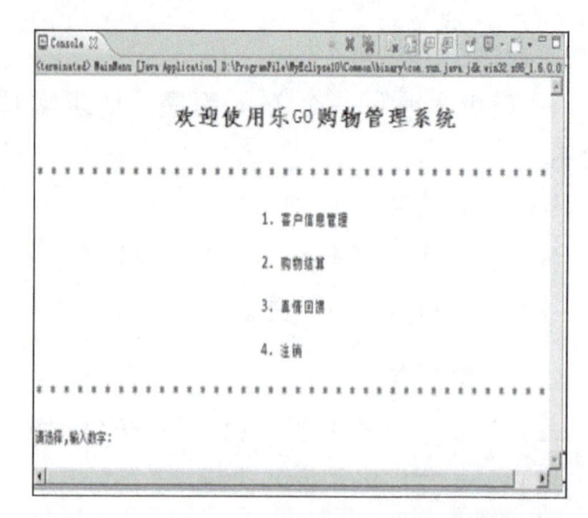

图 1－24　乐 GO 购物管理系统功能菜单界面

【知识准备】

扫码看视频

1. 用 Eclipse 开发 Java 程序

（1）Eclipse 介绍与下载

进行 Java 程序开发必须选择一个功能强大、使用简单、能够辅助程序设计的 IDE。Eclipse 是目前最流行的 Java 语言开发工具，它强大的代码辅助功能可以帮助开发人员自动完成语法修正、文字补全、代码修复、API 提示等工作，大量节省程序开发所需的时间。下面介绍 Eclipse 的安装。

1）Eclipse 是一个开放源代码的项目，其官方网站首页如图 1－25 所示。

图 1－25　官方网站首页

2）在首页中单击"Download"按钮，进入图 1－26 所示的下载页面。

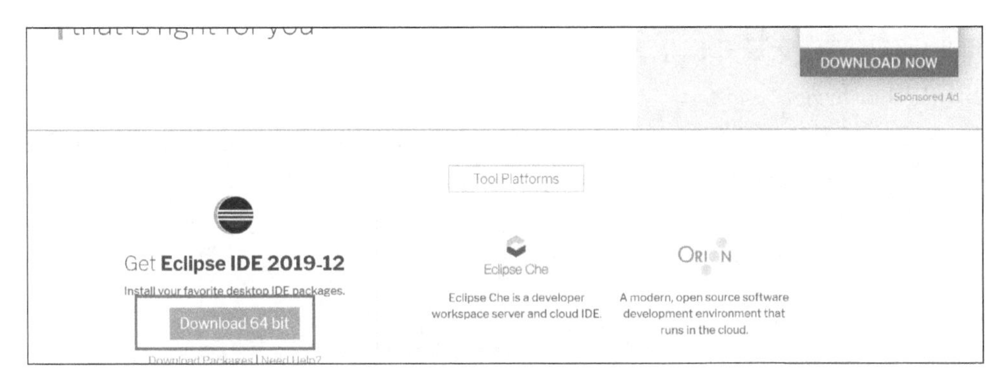

图 1-26　Eclipse 下载页面

3）单击“Download 64 bit”按钮，下载 64 位的安装包。

4）跳转到“Choose a mirror close to you”页面。单击“Sellect Another Mirror”按钮，选择“大连东软信息学院”，如图 1-27 所示。

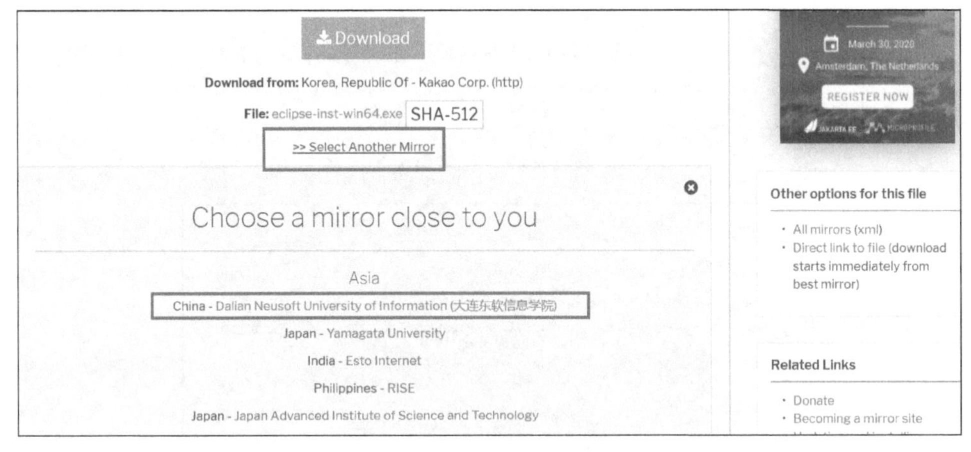

图 1-27　镜像下载页面

5）下载完成后或者下载没有开始会进入图 1-28 所示的页面。如果下载没有开始，单击“click here”按钮重新开始下载。下载完成后会得到一个名为 eclipse-inst-win64. exe 文件。虽然 Eclipse 本身是用 Java 语言编写的，但下载的压缩包中并不包含 Java 运行环境（即

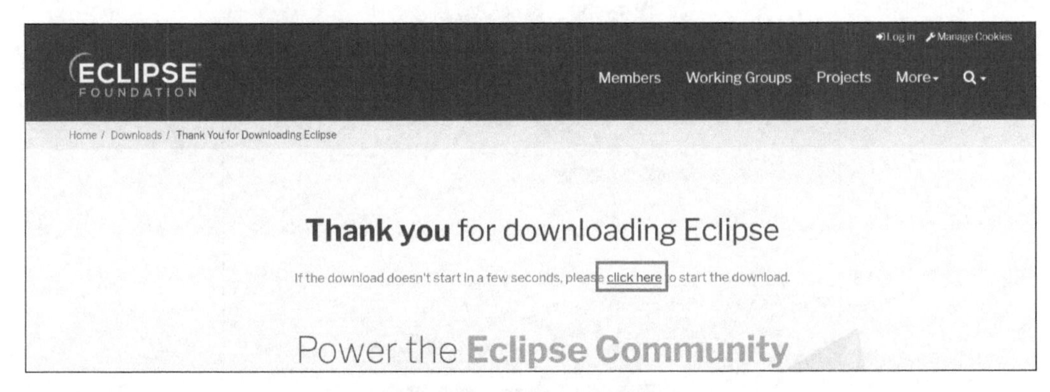

图 1-28　click here 下载页面

安装 Eclipse，应首先安装 JDK)，需要用户自己另行安装 JRE，并在操作系统的环境变量中指明 JRE 中 bin 的路径。

6) Eclipse 的安装非常简单，只需将下载的压缩包解压并双击 eclipse. exe 文件即可。第一次启动 Eclipse 时会要求用户选择一个工作空间（Workspace），如图 1-29～图 1-31 所示。

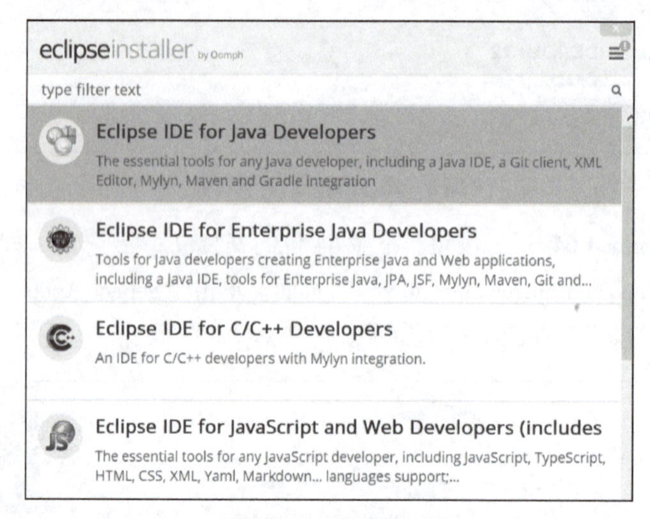

图 1-29　安装页面

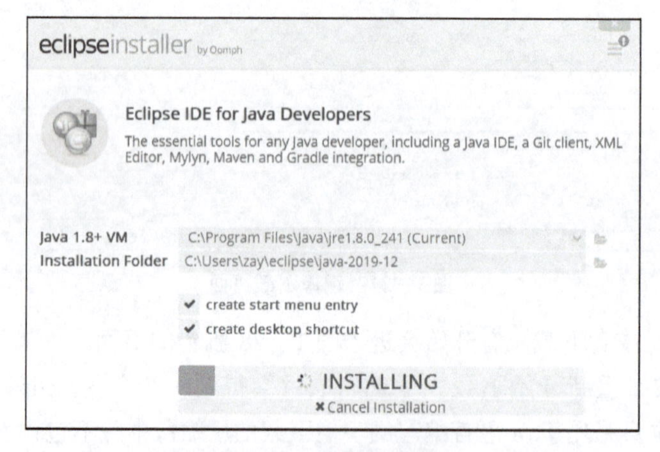

图 1-30　选择安装目录

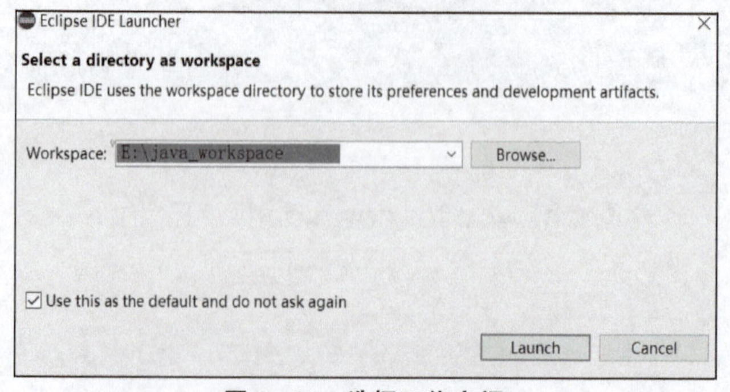

图 1-31　选择工作空间

由于 Eclipse 是一个开源项目，因此所有社区和开发者都可以为 Eclipse 开发扩展功能。

（2）Eclipse 汉化包安装

1）Eclipse 中的子项目 Babel 专门负责 Eclipse 程序的多国语言包，可由 Eclipse 官网进入 Babel 项目首页，如图 1－32 所示。

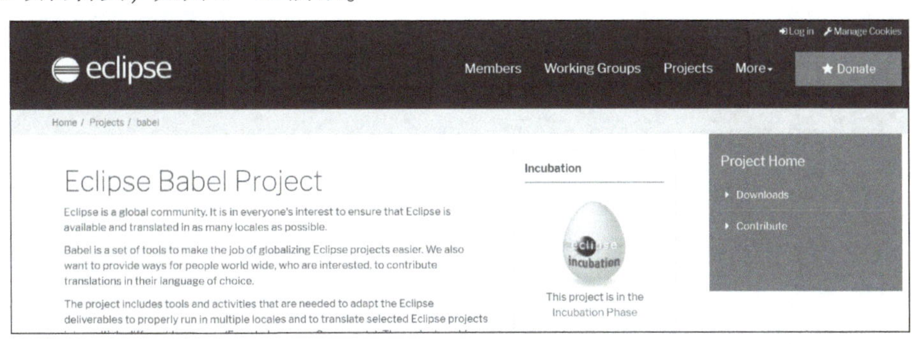

图 1－32　Babel 项目首页

2）在页面中单击“Downloads”按钮进入下载页面，如图 1－33 所示。在下载页面的“Babel Language Pack Zips”标题下选择对应 Eclipse 版本的语言包进行下载。这里直接单击“Downloads”按钮，如图 1－34 所示。

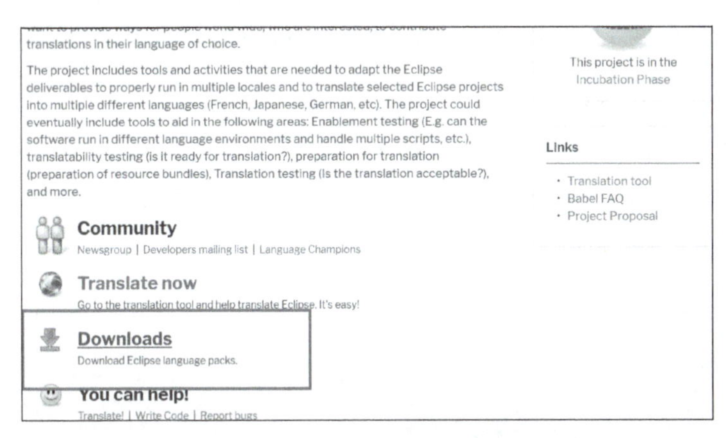

图 1－33　单击“Downloads”按钮

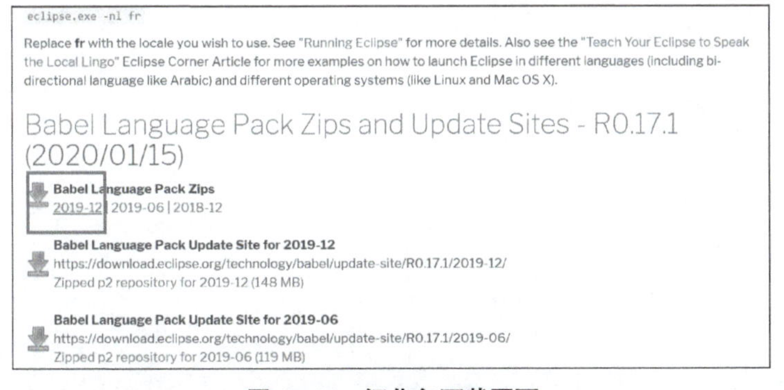

图 1－34　汉化包下载页面

3）在进入的语言选择页面中列出了当前支持的所有语言列表，单击“Chinese (Simplified)”链接展开简体中文版的下载列表，针对不同插件和功能又分为多个版本。单击“BabelLanguagePack-eclipse-zh_4. 14. 0. v20200113020001. zip（85. 25%）”链接，下载完整版语言包，如图 1－35 所示。

Language: Catalan
- BabelLanguagePack-datatools-ca_4.14.0.v20200113020001.zip (0.01%)
- BabelLanguagePack-eclipse-ca_4.14.0.v20200113020001.zip (0.28%)
- BabelLanguagePack-modeling.tmf.xtext-ca_4.14.0.v20200113020001.zip (0.57%)
- BabelLanguagePack-mylyn-ca_4.14.0.v20200113020001.zip (0.05%)
- BabelLanguagePack-rt.rap-ca_4.14.0.v20200113020001.zip (0.09%)
- BabelLanguagePack-technology.egit-ca_4.14.0.v20200113020001.zip (0.03%)
- BabelLanguagePack-tools.cdt-ca_4.14.0.v20200113020001.zip (0.09%)
- BabelLanguagePack-tools.tm-ca_4.14.0.v20200113020001.zip (0.04%)
- BabelLanguagePack-webtools-ca_4.14.0.v20200113020001.zip (0.01%)

Language: Chinese (Simplified)
- BabelLanguagePack-datatools-zh_4.14.0.v20200113020001.zip (75.66%)
- BabelLanguagePack-eclipse-zh_4.14.0.v20200113020001.zip (85.25%)
- BabelLanguagePack-modeling.emf-zh_4.14.0.v20200113020001.zip (59.06%)
- BabelLanguagePack-modeling.graphiti-zh_4.14.0.v20200113020001.zip (24.07%)
- BabelLanguagePack-modeling.mdt.bpmn2-zh_4.14.0.v20200113020001.zip (30.66%)
- BabelLanguagePack-modeling.tmf.xtext-zh_4.14.0.v20200113020001.zip (56.49%)
- BabelLanguagePack-mylyn-zh_4.14.0.v20200113020001.zip (45.72%)
- BabelLanguagePack-rt.rap-zh_4.14.0.v20200113020001.zip (88.91%)
- BabelLanguagePack-soa.bpmn2-modeler-zh_4.14.0.v20200113020001.zip (20.37%)
- BabelLanguagePack-technology.egit-zh_4.14.0.v20200113020001.zip (21.37%)
- BabelLanguagePack-technology.jgit-zh_4.14.0.v20200113020001.zip (3.96%)
- BabelLanguagePack-technology.packaging-zh_4.14.0.v20200113020001.zip (19.48%)
- BabelLanguagePack-technology.packaging.mpc-zh_4.14.0.v20200113020001.zip (9.74%)
- BabelLanguagePack-technology.passage-zh_4.14.0.v20200113020001.zip (22.45%)
- BabelLanguagePack-tools.cdt-zh_4.14.0.v20200113020001.zip (56.17%)
- BabelLanguagePack-tools.gef-zh_4.14.0.v20200113020001.zip (3.92%)

图 1－35　语言包下载页面

4）将下载的语言包解压，并将 features 目录和 plugins 目录放入 Eclipse \ drogins 文件夹中，这样下次启动 Eclipse 时便会自动加载语言包。

完成 Eclipse 的安装及汉化后就可以直接打开 Eclipse 进行项目开发了。

（3）用 Eclipse 创建项目

新建 Java 项目，在“位置”文本框后单击“浏览”按钮，将工作空间设置为 E: \java_workspace，然后将“使用缺省位置”复选框取消选择，然后单击“完成”按钮完成 Java 的项目创建，如图 1－36 所示。

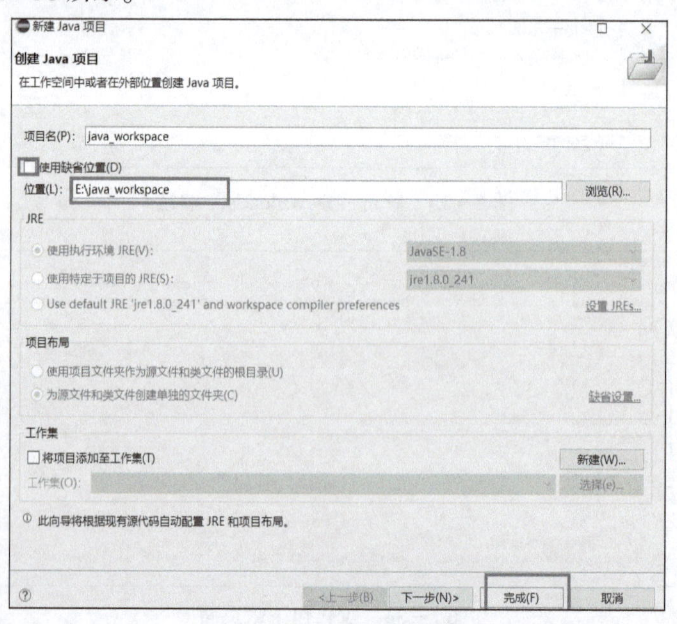

图 1－36　创建 Java 项目

2. Java 程序结构

作为一个可以独立运行的 Java 程序，在它的众多类中必须有一个类作为程序的起始类，为了方便，本书把这个类称为主类。当需要执行一个程序时，在 Java 命令后面输入的便是这个主类的文件名（也是主类名），因此主类文件是 Java 运行环境建立起来后第一个被装入虚拟机的用户文件。为了使虚拟机可以找到程序运行的起始入口，主类必须为 public 类，并含有一个在格式上符合约定的入口方法 main（），其格式如下：

```
public static void main(String[] args){
…
}
```

其中各参数含义如下：

- main：入口方法名称。
- args：命令行参数，这是一个 String 对象数组。
- static：修饰字，说明 main() 是一个静态方法（类方法）。
- public：修饰字，说明 main() 具有公有访问属性。

主类框架的源代码如下：

```
public class 主类名{
    …
    public static void main(String[] args){
    …
    }
}
```

3. Java 输出语句

输出语句 System. out. println（Val）或 System. out. print（Val）可以实现在控制行和命令行输出信息。其中，System. out. println（“欢迎访问乐 GO 购物系统!”）；可以实现打印完引号中的信息后自动换行，而 System. out. print（“欢迎访问乐 GO 购物系统!”）；打印输出信息后不会自动换行。

如何使这两个语句达到同样的效果？可以使用转义符，常见的 3 种转义符见表 1－1。

表 1－1 常见的 3 种转义符

转义符	说 明
\n	将光标移动到下一行的第一格
\t	将光标移动到下一个水平制表位置
\b	空格

使用“\n”转义符即可实现两条语句输出相同的结果，代码如下：

```
public class Messg{
  public static void main(String[ ] args){
    System.out.print("欢迎访问乐 GO 购物系统!\n");
  }
}
```

4. Java 程序的注释与编码规范

(1) Java 程序注释

Java 支持单行注释、文档注释和多行注释 3 种方式：

1）单行注释是以//开始，代码如下：

```
public class Messg {
  public static void main(String[ ] args){
  //输出消息到控制台
    System.out.println("欢迎访问乐 GO 购物系统!");
    }
}
```

2）文档注释是以/**开始，以*/结尾，代码如下：

```
/**
  * Messg.java
  * 2019-11-23
  * 第一个 Java 程序
  */
public class Messg {
```

3）多行注释是以/*开始，以*/结尾，代码如下：

```
public static void main(String[ ] args) {
    /*
    System.out.println("欢迎访问乐 GO 购物系统!");
    */
}
```

通过注释可以提高 Java 源代码的可读性，使 Java 程序条理清晰、易于区分代码行与注释行。只要以一套特定的标签作为注释，就可以使用 Javadoc 软件来生成程序信息并输出到 HTML 文件中。

(2) Java 编程规范

编程规范是对编程的一种约定，主要作用是增强代码的可读性和可维护性，便于代码重用。

首先要求程序中的各个要素都遵守命名规则，然后严格按照编码格式编写代码。命名规则包括以下几点：

1）包的名称由一个小写字母序列组成。

2）类的名称由大写字母开头，其他字母都由小写的单词组成。

3）类的实例的名称由一个小写字母开头，后面的单词由大写字母开头。

4）常量的名称都大写，并且指出完整含义。

5）参数的名称无其他具体规定。

6）数组的命名使用“类型 [ ] 数组名”的形式。

另外，编码格式规定如下：

1）程序最开始编写导入包和类语句，即 import 语句。import 语句可以有多行，编写完 import 语句后空一行。

2）定义 public 类，顶格书写。类的主体左括号“ {”不换行书写，右括号“}”顶格书写。

3）定义 public 类中的变量，缩进书写。

4）定义方法，用缩进书写，方法的左括号“ {”不换行书写，右括号“}”和方法首行第一个字符对齐。方法体要再次缩进书写，最后一个变量定义和第一个方法定义之间、方法和方法之间最好空一行。

提示： 在单一的语句后有“;”，在一对括号“ {}”之外无“;”。方法调用名和紧跟在其后的左括号“（”之间无空格，该左括号和其后的标识符之间无空格。多个参数之间的逗号和前一个参数紧靠，与后一个参数空一格。

在做事时也要有一定的规范意识。规范做事不但可以激发人的志气和潜能，而且可以提升做人的品质和层次。规范做事是一种工作态度，更是一种职业素养，是责任心的体现。想做到规范，就要把做好每件事情的着力点放在每个环节、每个步骤，不心浮气躁、不好高骛远。如果没有严谨的规范，从个人到企业都不可能成就事业，更不可能赢得未来的发展。

【任务实施】

- 使用 Eclipse 创建项目
- 通过输出语句实现图 1 - 23 所示乐 GO 购物管理系统登录界面显示
- 掌握具体的转义符的使用

1） \n，换行；

2） \t，空 4 个字符，相当于 <Tab> 键。

视频内容	购物系统登录界面显示	

【任务拓展】

- 需求说明

要求用户使用 Eclipse 创建 Java 应用程序，实现如图 1－24 所示乐 GO 购物管理系统功能界面显示。

- 训练要点

1）用 Eclipse 实现 Java 的开发；

2）输出语句的使用。

- 实现思路

1）创建 Java 应用程序；

2）输出语句的实现。

视频内容	购物系统功能界面显示	

项目实训

【实训目标】

- 能熟练使用 Eclipse 开发简单 Java 程序
- 掌握输出语句的使用
- 掌握转义符的使用
- 掌握语句的注释方法

【实训内容】

实现机器人自助点餐系统的菜单显示，效果如图 1－37 所示。

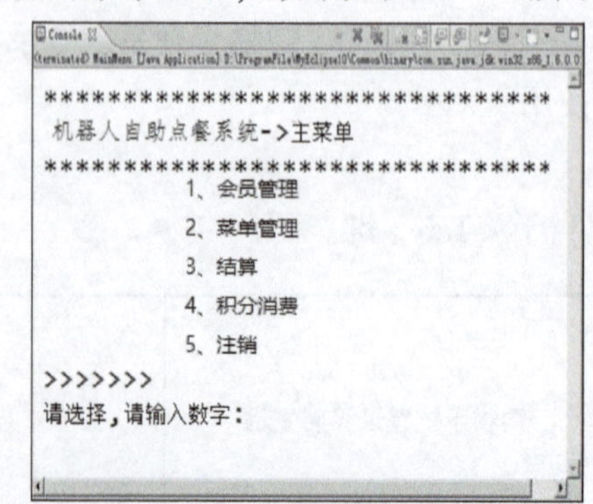

图 1－37　机器人自助点餐系统

- 实现思路如下：

1）分析输出内容；

2）使用输出语句实现内容输出；

3）灵活使用转义符；

4）灵活使用代码注释。

- 关键代码如下：

```
public static void main(String[] args) {
    System.out.println("*********************************");
    System.out.println("机器人自助点餐系统—>主菜单");
    System.out.println("*********************************");
    System.out.println("\t\t1、会员管理");
    System.out.println("\t\t2、菜单管理");
    System.out.println("\t\t3、结算");
    System.out.println("\t\t4、积分消费");
    System.out.println("\t\t5、注销");
    System.out.println(">>>>>>>");
    System.out.println("请选择,请输入数字:");
}
```

视频内容	机器人自助点餐系统菜单显示	

项目小结

本项目主要讲解了 Java 的发展历史，讲述了 Java 语言的特点，进行了 Java 环境的搭建与环境配置。结合任务实现重点讲解了 Java 语句的程序结构和输出语句的使用，强调了代码书写时的严谨、规范性。培养学生解决生活实际问题的能力、动手能力和创新能力。

项目测试

1. Java 属于（　　）。

A. 机器语言　　B. 汇编语言　　C. 高级语言　　D. 以上都不对

2.（　　）类型的文件可以在 Java 虚拟机中运行。

A. .java　　B. .jre　　C. .exe　　D. .class

3. 安装好 JDK 后，在其 bin 目录下有许多 exe 文件，其中 java.exe 命令的作用是（　　）。

A. Java 文档制作工具　　B. Java 解释器

C. Java 编译器　　D. Java 启动器

4. 如果 JDK 的安装路径为：d：\ jdk，若想在命令窗口中的任何当前路径下都可以直接使用 javac 和 java 命令，需要将环境变量 Path 设置为（　　）。

A. d: \ jdk;　　B. d: \ jdk \ bin;　　C. d: \ jre \ bin;　　D. d: \ jre;

5. Java 的主类函数写法正确的是（　　）。

A. public static void main( )　　B. public void main（String[ ] args）

C. public static void main（String[ ] args）　　D. static void main（String[ ] args）

6. 下列叙述中正确的是（　　）。

A. 源文件的扩展名为 . java　　B. Java 是从 C 语言发展过来的

C. 源文件中 public 类的数目不限　　D. 源文件名与 public 类名可以不相同

7. 安装好 JDK 后，在其 bin 目录下有许多 exe 文件，其中 javac. exe 命令的作用是（　　）。

A. Java 解释器　　B. java 反汇编

C. Java 文档制作工具　　D. Java 编译器

8. Java 程序向显示器输出信息“Hello，World”，（　　）写法是错误的。

A. System. out. print(“Hello，world”)；　　B. printf(“Hello，world \ n”)；

C. System. out. print(“Hello，world \ n”)；　　D. System. out. println(“Hello，world”)；

9. 以下选项中，（　　）属于 JDK 工具（多选）。

A. Java 编译器　　B. Java 运行工具

C. Java 文档生成工具　　D. Java 打包工具

实践作业

任务：请参考医院挂号系统功能结构图（见图 1－38），设计并打印出该系统功能菜单。

要求：需要打印出 1 个整体系统功能菜单、4 个子功能菜单。

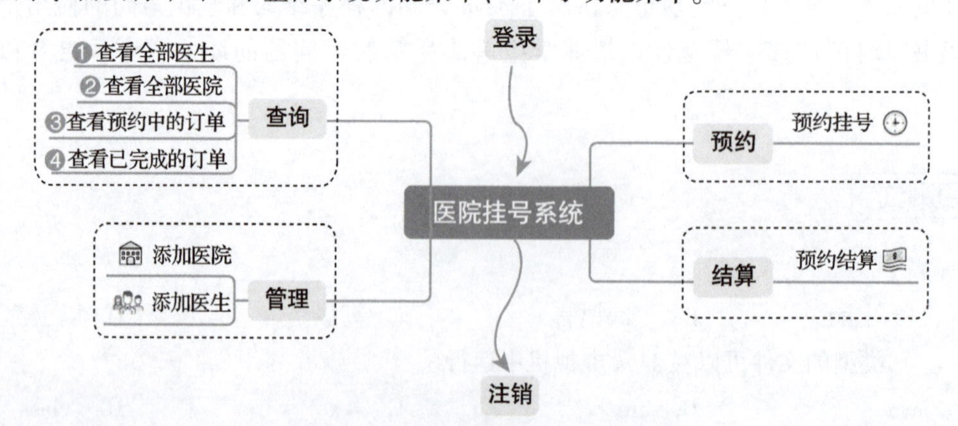

图 1－38　医院挂号系统功能结构图

项目评价

1. 自主学习任务单

根据完成情况填写自主学习任务单。

学习目标设计：
任务（问题）设计：
自主探究学习过程：
学习评价：
学习成果：

2. 验收标准

验收标准包括 6 个方面：①准备答辩 PPT，PPT 的内容（项目背景、项目功能及团队分工情况）；②项目答辩与演示；③团队协作；④代码规范；⑤创新能力；⑥分析解决问题的能力。具体评分表如下：

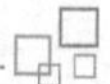

评委：　　　　　　　　　　　　　　　　　　　　　　　　　　　　答辩人：

<table>
<tr><th>评分内容</th><th colspan="4">评分标准</th><th>分数</th></tr>
<tr><td rowspan="7">答辩演讲
（40 分）</td><td colspan="4">演讲内容：紧扣主题，结构严谨，观点鲜明，用词精练，详略得当（10 分）</td><td></td></tr>
<tr><td colspan="4">语言表达：语言规范，口齿清晰，表达准确、流畅、自然（5 分）</td><td></td></tr>
<tr><td colspan="4">非语言表现：精神饱满，动作得体，表现恰当（5 分）</td><td></td></tr>
<tr><td colspan="4">礼节：上下场致意、答谢（5 分）</td><td></td></tr>
<tr><td colspan="4">代码规范（5 分）</td><td></td></tr>
<tr><td colspan="4">文档能力（5 分）</td><td></td></tr>
<tr><td colspan="4">团队协作能力（5 分）</td><td></td></tr>
<tr><td colspan="5">小计</td><td></td></tr>
<tr><td>评分内容</td><td>评分项目</td><td>优（18～20 分）</td><td>中（10～17.9 分）</td><td>差（0～9.9 分）</td><td>分数</td></tr>
<tr><td rowspan="3">固定问答
（60 分）</td><td>工作思路与思想
（20 分）</td><td>工作思路清晰，有切合实际的工作设想，并富有开拓意识，方案可行</td><td>工作思路基本清晰，工作设想有一定新意，方案基本可行</td><td>工作思路不够清晰，工作设想没有新意，方案设计不当</td><td></td></tr>
<tr><td>业务知识水平
（20 分）</td><td>熟悉岗位工作的性质、特点，具备开展工作的知识和技能</td><td>基本熟悉岗位工作的性质、特点，具备一定的开展工作的知识和技能</td><td>对岗位工作性质、特点不够了解，业务知识和技能欠缺</td><td></td></tr>
<tr><td>分析解决问题的能力（20 分）</td><td>分析问题有一定的广度和深度，见解令人信服，解决问题的方法得当</td><td>对问题有一定的程度的分析，解决问题的方法基本可行</td><td>分析混乱，不能提出有效的解决办法</td><td></td></tr>
<tr><td colspan="5">小计</td><td></td></tr>
<tr><td colspan="5">总分</td><td></td></tr>
</table>

项目 2 乐 GO 购物管理系统的商品结算功能实现

学习目标

通过本项目的学习，应达到以下学习目标：

- 掌握 Java 语言中的基本数据类型、变量
- 掌握 Java 语言中运算符的使用、数据类型的转换

项目描述

本项目通过购物结算功能、幸运抽奖功能的实现，使学生掌握数据类型、变量、运算符及数据类型的转换等基础知识，主要的项目功能实现包括：

1）实现购物结算并打印购物小票；

2）模拟商场幸运抽奖，计算会员卡各位数字之和。

任务 1　实现购物结算并打印购物小票

【任务目标】

通过任务实现，完成以下学习目标：

- 掌握 Java 语言中的常用数据类型
- 掌握变量的创建与使用

【任务描述】

- 顾客可以享受八折的优惠，计算实际消费金额
- 结算时打印购物小票
- 实现效果如图 2－1 所示

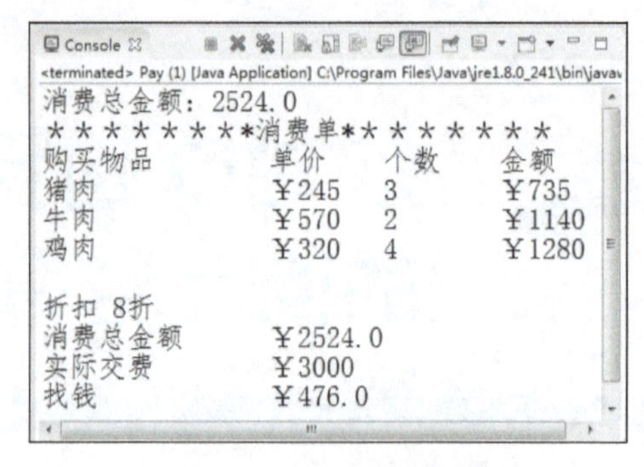

图 2-1　任务 1 效果图

【知识准备】

在学习 Java 语言的过程中，需要掌握必备的 Java 基础知识。本任务将重点讲解 Java 的数据类型、变量及数据操作的基本运算符。

1. 数据类型

通过定义不同类型的变量，可以在内存中储存整数、小数或者字符。每种数据类型都有其所匹配的应用场景和作用。

Java 语言中的数据类型分为 8 种基本数据类型和 3 种引用数据类型。基本数据类型的数据占用的内存大小固定，在内存中存入的是数据本身；引用数据类型在内存中引入的是数据的地址，而不是数据本身。数据类型如图 2-2 所示。

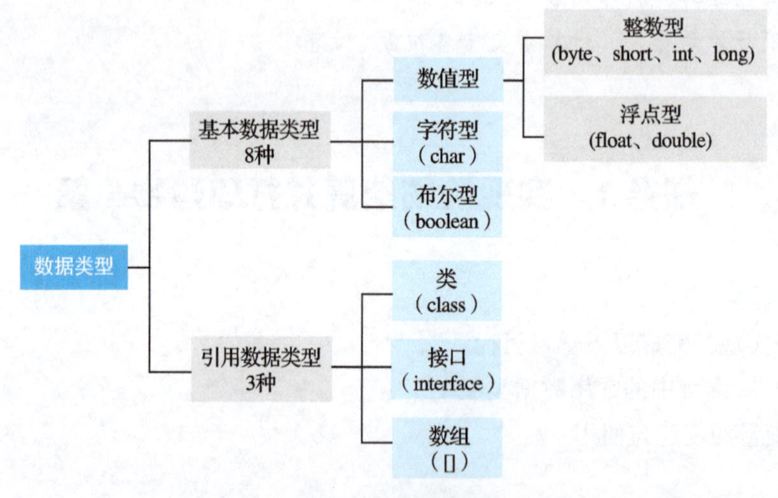

图 2-2　数据类型

(1) 整数型

声明为整数型的常量或变量用来存储整数，整数型包括字节型（byte）、短整型（short）、整型（int）和长整型（long）4 个基本数据类型。程序中出现的所有整数型常量的值默认都是 int 类型。

在为long型常量或变量赋值时，需要在所赋值的后面加上一个字母“L”（或“l”），说明所赋的值为long型，如果所赋的值未超出int型取值范围，也可以省略字母“L”（或“l”）。例如：

```
long a =9932212340L;  //所赋值超出 int 的取值范围,必须加上字母"L"
long b =665754522L;   //所赋值未超出 int 的取值范围,可以加上字母"L"
long b =665754522;    //所赋值未超出 int 的取值范围,也可以省略字母"L"
```

（2）浮点型

声明为浮点型的常量或变量用来存储小数（也可以存储整数）。浮点型包括单精度型（float）和双精度型（double）两个基本数据类型。程序中出现的所有浮点型常量的值默认都是双精度型。

在为float型常量或变量赋值时，需要在所赋值的后面加上一个字母“F”（或“f”），说明所赋的值为float型，如果所赋的值为整数，并且未超出int型取值范围，也可以省略字母“F”（或“f”）。例如：

```
float a =8765.16f;  //所赋值为小数,必须加上字母"f"
float b =9932212340f;//所赋值超出了 int 型取值范围,必须加上字母"f"
float c =8765f;//所赋值未超出 int 型取值范围,可以加上字母"f"
float d =8765; //所赋值未超出 int 型取值范围,也可以省略字母"f"
```

（3）字符型

声明为字符型的常量或变量用来存储单个字符，占用内存大小为两个字节，用关键字“char”进行声明。

在为char型常量或变量赋值时，如果所赋的值为一个英文字母、符号或汉字，必须将所赋的值放在英文输入法状态下的一对单引号中。例如：

```
char a ='Q';   //将大写字母"Q"赋值给 char 型变量
char b ='% '; //将符号"%"赋值给 char 型变量
char c =' 女 ';  //将汉字"女"赋值给 char 型变量
```

Java采用Unicode字符编码，Unicode使用两个字节表示一个字符，并且Unicode字符集中的前128个字符与ASCII字符集兼容。

Java与C、C++一样，同样把字符作为整数对待，在赋值时可以把0~65535的整数赋值给char型常量或变量，但在输出时并不是所赋的整数。例如：下面的代码把整数88赋值给char型变量c，在输出c时得到的是大写字母“X”。例如：

```
char c =88;  //将整数 88 赋值给 char 型变量 c
System.out.println(c);  //输出变量 c,将得到大写字母"X"
```

如果要将数字0~9以字符的形式赋值给char型变量或常量，赋值方式为将数字0~9放

在英文输入法状态下的一对单引号中。例如：

```
char c ='8'; //将数字"8"赋值给 char 型变量
```

（4）布尔型

声明为布尔型的常量或变量用来存储逻辑值，逻辑值只有 true 和 false，分别用来代表逻辑判断中的“真”和“假”，布尔型变量用关键字“boolean”进行声明。

可以将逻辑值 true 和 false 直接赋给 boolean 变量，例如：

```
package com.svse.test;
public class Test {
  public static void main(String[] args) {
    boolean a = true; //将逻辑值 true 赋值给 boolean 型变量
    boolean b = false;  //将逻辑值 false 赋值给 boolean 型变量
    System.out.println("a is" +a);
    System.out.println("b is" +b);
  }
}
```

控制台输出结果如图 2－3 所示。

```
Problems  @ Javadoc  Declaration  Console
<terminated> Test (18) [Java Application] C:\Program Fi
a is true
b is false
```

图 2－3　控制台输出结果 1

也可以将逻辑表达式赋值给 boolean 型变量，例如：

```
package com.svse.test;
public class Test {
    public static void main(String[] args) {
        boolean a =6 <8; //将逻辑表达式 6 <8 赋值给 boolean 型变量
        boolean b =6 >8; //将逻辑表达式 6 >8 赋值给 boolean 型变量
        System.out.println("6 <8 is" +a);
        System.out.println("6 >8 is" +b);
    }
}
```

控制台输出结果如图 2－4 所示。

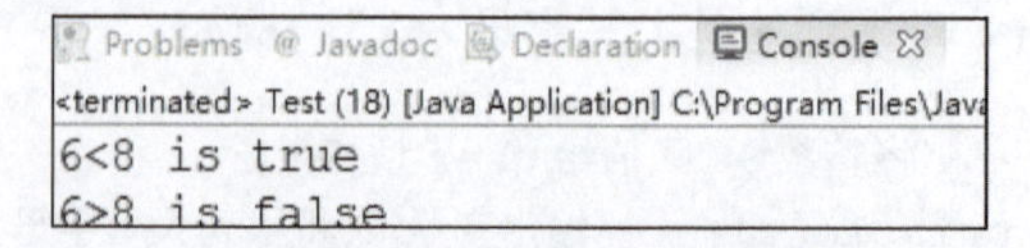

图 2－4　控制台输出结果 2

(5) 引用数据类型

Java 语言中除基本数据类型以外的数据类型被称为引用数据类型，也称为复合数据类型。引用数据类型包括类引用、接口引用以及数组引用。在程序中声明的引用类型变量只是为该对象起一个名字，或者说是对该对象的引用，变量值是对象在内存空间的存储地址而非对象本身，因此称为引用数据类型。

2. 变量

扫码看视频

在程序中存在大量的数据来代表程序的状态，其中有些数据在程序的运行过程中值会发生改变，这些数据在程序中被叫作变量。

变量代表程序的状态。程序通过改变变量的值来改变整个程序的状态，也就是实现程序的功能逻辑。由于 Java 语言是一种强类型的语言，所以变量在使用前必须先声明并赋值。

(1) 变量的语法格式

```
数据类型 变量名[ =value][,变量名[ =value]…]
```

【例 2-1】 声明变量 x 并赋值，代码如下：

```
int x;    //先声明整型变量 x
x =10;    //再给变量 x 赋值
```

注意，以上代码也可合二为一，即将声明和赋值在同一步实现，代码如下：

```
int x =10; //声明变量和赋值合二为一
```

【例 2-2】 声明多个变量并赋值，代码如下：

```
int x =10,y =20,z =30;    //声明多个变量并赋值,变量间以逗号隔开
```

在该语法格式中，数据类型可以是 Java 语言中任意的类型，包括前面介绍的基本数据类型以及后续将要介绍的引用数据类型。

(2) 变量的命名规则

变量名称是变量的标识符，需要符合标识符的命名规则。正如我们做人做事也需要遵守规则，遵守国家法律法规，做一个守法的好公民。Java 中变量名的首字母只能是字母、下划线、$ 符号，其余部分可以是任意多的数字、字母、下划线、$ 符号。在实际开发时，为了易于维护，变量名应尽量简短且能清楚地表明变量的作用，通常第一个单词小写，其后单词的首字母大写，如 myScore。

【任务实施】

- 创建 Java 类 Pay

- 声明变量，存储信息
- 计算总金额
- 打印购物小票

视频内容	打印购物小票	

【任务拓展】

在任务 1 的基础上稍作修改，商品折扣可通过 Scanner 类接收键盘输入，然后打印购物小票。

视频内容	输入商品折扣	

任务 2　实现幸运抽奖

【任务目标】

通过任务实现，完成以下学习目标：

- 算术运算符（%、/）的使用
- 关系运算符和 boolean 类型的用法
- 逻辑运算符
- 数据类型转换

【任务描述】

- 商场推出幸运抽奖活动
- 抽奖规则

顾客的 4 位会员卡号的各位数字之和大于 20，则为幸运顾客。实现效果如图 2－5 所示。

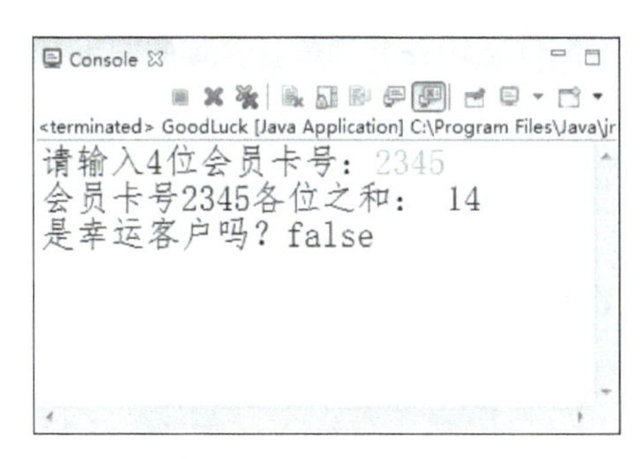

图2-5　任务2效果图

【知识准备】

运算符用于连接表达式的操作数并对操作数执行运算。例如，表达式 num1 + num2，其操作数是 num1 和 num2，运算符是“+”。在 Java 语言中，运算符可分为5种类型：算术运算符、赋值运算符、关系运算符、逻辑运算符和位运算符。

根据操作数的不同，运算符又分为单目运算符、双目运算符和三目运算符。单目运算符只有一个操作数，双目运算符有两个操作数，三目运算符则有三个操作数。位运算符涉及二进制位的运算，在 Java 程序中的运用不是很多，因此下面主要介绍算术运算符、赋值运算符、关系运算符和逻辑运算符。

1. 算术运算符

算术运算符用在算术表达式中，其作用和数学中的运算符相同，Java 语言支持的算术运算符见表2-1。

表2-1　算术运算符

运算符	描述	例子
+	双目运算符，对运算符两边的操作数进行相加操作	1+1=2
-	双目运算符，对运算符两边的操作数进行相减操作	2-1=1
*	双目运算符，对运算符两边的操作数进行相乘操作	2*1=2
/	双目运算符，对运算符两边的操作数进行相除操作	2/1=2
%	双目运算符，对运算符两边的操作数进行取余操作	3%2=1
++	单目运算符，对运算符左边的操作数或运算符右边的操作数做加1操作	k++等同于k=k+1 ++k等同于k=k+1
--	单目运算符，对运算符左边的操作数或运算符右边的操作数做减1操作	k--等同于k=k-1 --k等同于k=k-1

算术运算符一般用于数值运算，可对操作数进行加、减、乘、除、取余、自增和自减操作。

加、减、乘、除和取余运算符比较容易理解，下面重点介绍自增和自减运算符。

自增运算符（++）：将变量的值加 1，分前缀式（如++k）和后缀式（如 k++）。前缀式是先加 1 再使用；后缀式是先使用再加 1。

自减运算符（--）：将变量的值减 1，分前缀式（如--k）和后缀式（如 k--）。前缀式是先减 1 再使用；后缀式是先使用再减 1。

2. 赋值运算符

赋值运算符是双目运算符，用在赋值表达式中。它的作用是将运算符右边操作数的值赋给运算符左边的变量。Java 语言支持的赋值运算符，见表 2-2。

表 2-2　赋值运算符

运算符	描述	例子
=	简单的赋值运算符，将右边操作数的值赋值给左边指定的变量	i=3 j=k=i
+=	复合赋值运算符，将左边指定变量的值与右边操作数的值相加后，再赋值给左边指定变量	k+=3 等同于 k=k+3
-=	复合赋值运算符，将左边指定变量的值与右边操作数的值相减后，再赋值给左边指定变量	k-=3 等同于 k=k-3
*=	复合赋值运算符，将左边指定变量的值与右边操作数的值相乘后，再赋值给左边指定变量	k*=3 等同于 k=k*3
/=	复合赋值运算符，将左边指定变量的值与右边操作数的值相除后，再赋值给左边指定变量	k/=3 等同于 k=k/3
%=	复合赋值运算符，将左边指定变量的值与右边操作数的值取余后，再赋值给左边指定变量	k%=3 等同于 k=k%3

赋值运算符分为两类，一类是简单赋值，一类是复合赋值。简单赋值是直接把运算符右边操作数的值赋给运算符左边的变量，运算符为“=”；复合赋值运算符赋值是先执行运算符指定的运算，再将运算结果赋值给运算符左边的变量，复合赋值运算符有“+=”“-=”“*=”“/=”“%=”。

简单赋值运算符非常容易明白和理解，下面重点介绍复合赋值运算符。以“+=”为例（其他复合赋值运算符操作原理与“+=”运算符操作原理相同），其执行过程如下：

1）将运算符右侧的操作数，与运算符左侧的操作数（变量值）执行相加操作；

2）相加的结果赋值给运算符左侧的变量。

【例 2-3】 使用复合赋值运算符“+=”，实现变量 num 加 5 的计算。

```
public class Demo {
    public static void main(String[] args) {
        int num =10; //声明的变量 num 初始值为 10
```

```
        num + = 5;     //变量 num 先与 5 相加,相加的结果是 15,再将 15 赋值给 num
        System.out.println(num);
    }
}
```

3. 关系运算符

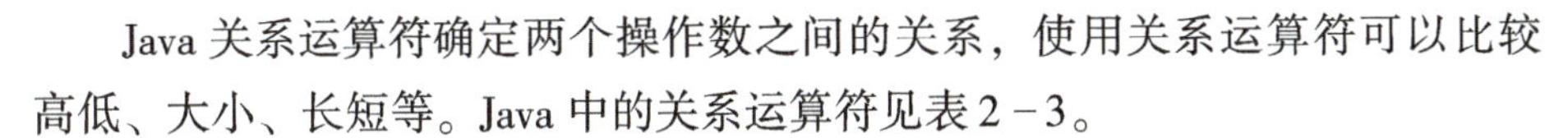

Java 关系运算符确定两个操作数之间的关系，使用关系运算符可以比较高低、大小、长短等。Java 中的关系运算符见表 2－3。

表 2－3　关系运算符

运算符	结果
= =	等于
! =	不等于
>	大于
<	小于
> =	大于或等于
< =	小于或等于

关系运算符的结果是一个布尔值。当运算符对应的关系成立时，运算结果是 true，否则结果为 false。

【例 2－4】使用比较运算符实现两个整数的大小比较，将运算结果输出。

```
public class Compare {
    public static void main(String[] args) {
        int a =5;
        int b =6;
        System.out.println("a >b 吗?:" +(a >b));
        System.out.println("a <b 吗?:" +(a <b));
        System.out.println("a = =b 吗?" +(a = =b));
    }
}
```

运行结果如图 2－6 所示：

```
Problems  Javadoc  Declaration  Console
<terminated> Compare [Java Application] C:\Program Files\Ja
a>b吗?:false
a<b吗?:true
a==b吗?false
```

图 2－6　运行结果

注意：

1）>、<、>=、<=的左右两边操作数必须是数值类型。

2）==、!=两边的操作数既可以是数值类型，也可以是引用类型。

3）Java 中 equals 和==有以下区别：

①值类型存储在内存中的堆栈（简称栈），而引用类型的变量在栈中仅是存储引用类型变量的地址，而其本身则存储在堆中。

②==操作比较的是两个变量的值是否相等，对于引用型变量是比较两个变量在堆中存储的地址是否相同，即栈中的内容是否相同。

③equals 操作比较的是两个变量是否是对同一个对象的引用，即堆中的内容是否相同。

【例 2-5】 两个字符串的比较。

```
public class compare2{
    public static void main(String[] args) {
            String str1 = "hello";
            String str2 = "hello";
            System.out.println("str1 等于 str2:" + (str1 == str2));
            System.out.println("str1 等于 str2:" + (str1.equals(str2)));
    }
}
```

程序运行的结果是什么呢？请尝试操作实践。

结论：

==比较的是两个对象的地址，而 equals 比较的是两个对象的内容，显然，当 equals 的结果为 true 时，==不一定为 true。

4. 逻辑运算符

逻辑运算符主要用于逻辑运算。Java 中常用的逻辑运算符见表 2-4。

表 2-4 常用的逻辑运算符

逻辑运算符	名称	举例	结果
&&	与	a&&b	如果 a 与 b 都为 true，则返回 true
||	或	a||b	如果 a 与 b 任一为 true，则返回 true
!	非	! a	如果 a 为 false，则返回 true，即取反
^	异或	a^b	如果 a 与 b 仅只有一个为 true，则返回为 true

可以从“投票选举”的角度理解逻辑运算符：

1）与：要求所有人都投票同意，才能通过某议题。

2）或：只要有一个人投票同意就可以通过某议题。

3）非：某人原本投票同意，通过非运算符，可以使其投票反对。

4）异或：有且只能有一个人投票同意，才可以通过某议题。

当使用逻辑运算符时，会遇到一种很有趣的“短路”现象，例如：

1）在（one > two）&&（one < three）中，如果能确定左边 one > two 的运行结果为 false，则系统就认为已经没有必要执行右边的 one < three 了。

2）在（one < two）||（one < three）中，如果能确定左边表达式的运行结果为 true，则系统也同样会认为已经没有必要再进行右边的 one < three 了。

【例 2－6】 投票选举实现。

```
public class HelloWorld {
    public static void main(String[] args) {
      boolean a = true;      //a 同意
      boolean b = false; //b 反对
      boolean c = false; //c 反对
      boolean d = true;   //d 同意
      //a 与 b 必须要都同意才能通过
      System.out.println((a && b) + "未通过");
      //a 与 b 必须有一人同意才能通过
      System.out.println((a || b) + "通过");
      //a 为反对才能通过
      System.out.println((! a)  + "未通过");
      //c 与 d 中必须有且只有一人同意才能通过
      System.out.println((c^d)  + "通过");
    }
}
```

运行结果如图 2－7 所示。

```
Problems  Javadoc  Declaration  Console
<terminated> Compare [Java Application] C:\Program Files\Java\jre1.8
false 未通过
true 通过
false 未通过
true 通过
```

图 2－7　运行结果

5. 数据类型转换

在 Java 程序中，不同的基本数据类型的数据之间可能需要进行相互转换，数据类型的转换可以分为自动类型转换和强制类型转换两种。自动类型转换是指编译器自动完成类型转换，不需要在程序中编写代码；强制类型转换是指强制编译器进行类型转换，必须在程序中编写代码。

（1）自动类型转换

Java 中 8 种基本类型可以进行混合运算，不同类型的数据在运算过程中首先会自动转换为同一类型，再进行运算。

在 Java 中，占用空间小的数据类型级别低，占用空间大的数据类型级别高，自动类型转换即是数据从低级自动转换为高级，如图 2－8 所示。

自动类型转换由编译器自动完成类型转换，不需要在程序中编写代码；满足自动类型转换的条件为：

1）两种类型要兼容，如数值类型（整型和浮点型）互相兼容。

2）目标类型大于源类型，如 double 型大于 int 型。

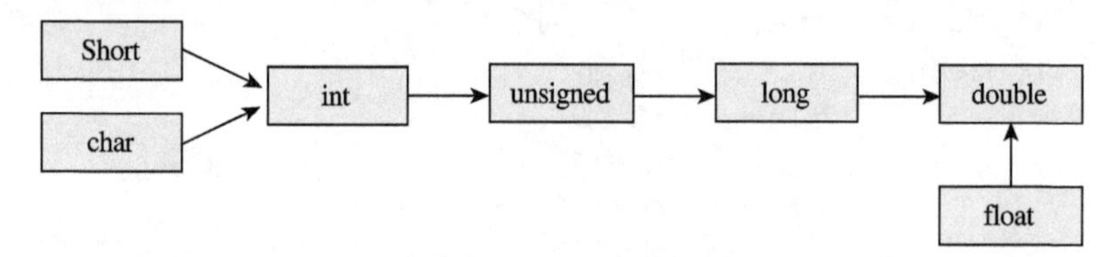

图 2－8　自动类型转换示意

【例 2－7】某班第一次 Java 考试的平均分为 81.29，第二次比第一次多 2 分，请编写程序计算第二次考试的平均分。

```
public class avarage {
    public static void main(String[] args) {
        double firstAvg = 81.29;  //第一次平均分
        double secondAvg;         //第二次平均分
        int rise = 2;
        secondAvg = firstAvg + rise;
        System.out.println("第二次平均分是:" + secondAvg);
    }
}
```

运行结果如图 2－9 所示。

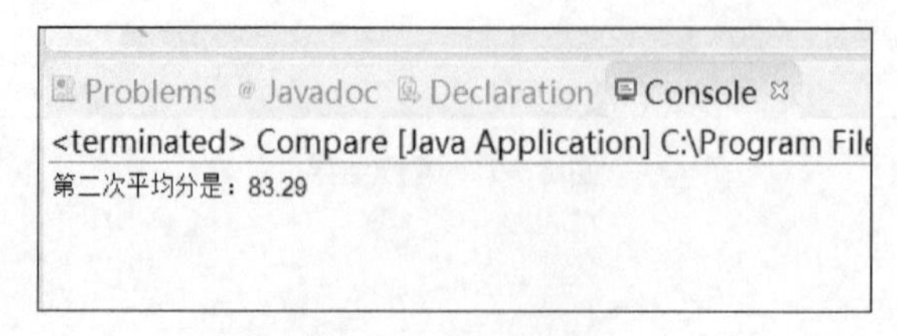

图 2－9　运行结果

（2）强制类型转换

当需要把级别高的数据类型转换为级别低的数据类型时，需要强制类型转换，即强制编译器进行类型转换，这就必须在程序中编写代码。其语法格式为：（类型名）表达式。

例如：

```
int b  = (int)10.2;
double a =10;
int c = (int)a;
```

【例 2-8】华为 5G 手机去年所占市场份额是 20，今年增长的市场份额是 9.8，求今年所占份额，数据结果类型为整型。

```
public class Percentage{
    public static void main(String[] args) {
        int before =20;
        double rise =9.8;
        int now = before + (int)rise;
        System.out.println("今年所占的份额是:" + now);
    }
}
```

运行结果如图 2-10 所示。

Problems　Javadoc　Declaration　Console
<terminated> Compare [Java Application] C:\Program File
今年所占的份额是：29

图 2-10　运行结果

【任务实施】

- 输入会员卡号
- 分解并获得各位数字

```
int gewei = custNo % 10;
int shiwei = custNo / 10 % 10;
int baiwei = custNo / 100 % 10;
int qianwei = custNo / 1000;
```

- 计算各位数字之和

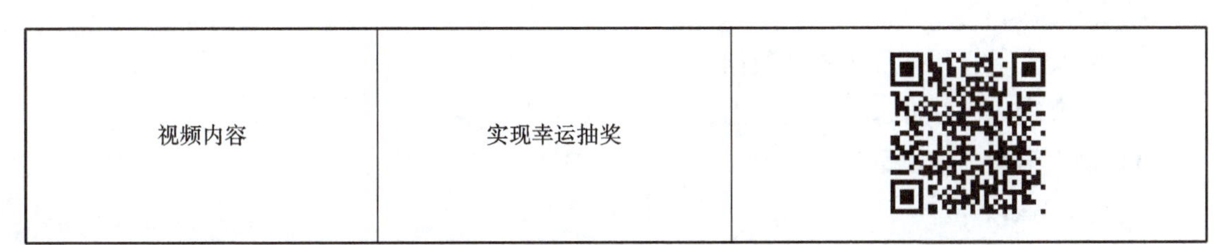

视频内容	实现幸运抽奖	

【任务拓展】

判断折扣价格

- 需求说明

用户从键盘输入商品折扣，判断商品享受此折扣后价格是否低于 100 元。

- 训练要点

1）关系运算符的使用；

2）boolean 类型的使用。

- 实现思路

1）声明变量存储商品价格信息；

2）从键盘输入折扣并保存；

3）计算商品享受折扣后的价格；

4）判断商品折扣后价格是否低于 100 元。

视频内容	判断折扣价格	

【实训目标】

- 能熟练使用 Eclipse 开发简单 Java 程序
- 掌握变量的声明方式
- 掌握 Java 运算符的应用和表达式的书写

【实训内容】

实现一个数字加密器。运行时输入加密前的整数，通过加密运算后，输出加密后的结果，使加密结果仍为整数。

加密规则为：加密结果 =（整数 ×10）/2 +3.14159。

实现思路如下：

1）定义变量，存储加密前的数据；

2）定义变量，存储加密后的数据，进行数据类型转换。

3）输入语句与输出语句。

关键代码如下：

```
public static void main(String[] args) {
```

```
        Scanner scanner = new Scanner(System.in); //键盘输入方式
        System.out.println("请输入要加密的整数:");
        int num1 = scanner.nextInt();  //接收键盘输入一个整数
        int num2 = (int) ((num1 * 10 + 5) /2 + 3.14159);
        System.out.println("加密之后的数为:" + num2);
    }
```

视频内容	加密程序	

项目小结

本项目主要讲解Java中的基本数据类型、变量的定义和使用、常用运算符及输入、输出语句等知识，通过案例和项目让学生掌握Java基础知识，并能解决生活中的实际问题，培养学生的动手能力和创新能力。

项目测试

1. 下面（　　）是Java语言中的关键字。

   A. sizeof　　B. class　　C. NULL　　D. Native

2. 字节型数据的取值范围是（　　）。

   A. -128 ~ 127　　B. -127 ~ 128

   C. -255 ~ 256　　D. 取决于具体的Java虚拟机

3. 以下程序的运行结果是（　　）。

```
boolean flag = false;
if (flag = true) {
    System.out.println("true");
} else {
    System.out.println("false");
}
```

   A. true　　B. false

   C. 出错　　D. 没有信息输出

4. 以下程序的运行结果是（　　）。

```
public class Increment{
    public static void main(String args[]) {
```

```
        int c =2;
        System.out.print(c);
        System.out.print(c++);
        System.out.print(c);
    }
}
```

A. 222　　B. 223　　C. 232　　D. 233

5. Java 中的程序入口 main () 函数，不能写成（　　）。

A. public static void main (String [ ] args) {

```
    // 代码
}
```

B. public static void main (string args [ ]) {

```
    // 代码
}
```

C. public static void main (String [ ] a) {

```
    // 代码
}
```

D. public static void main (String a [ ]) {

```
    // 代码
}
```

6. 在 Java 中，源文件 Test. java 中包含如下代码段，则程序编译运行结果是（　　）。

```
public class Test{
    public static main(String[] args) {
        system.out.print("Hello!");
    }
}
```

A. 输出：Hello!

B. 编译出错，提示“无法解析 system”

C. 运行正常，但没有输出任何内容

D. 运行时出现异常

7. 在 Java 中，单行注释使用的符号是（　　）。

A. /*　　B. */　　C. *　　D. //

8. 以下关于 Java 数据类型的说法中，错误的是（　　）。

A. 存储如性别（男或女）的数据应使用 char 型

B. 存储如员工编号或员工年龄的数据应该使用 int 型

C. 存储如商品价格或员工工资的数据应该使用 double 型

D. 存储如真或假、是或否的数据应该使用 String 型

9.（多选）在 Java 中，多行注释使用的符号是（　　）。

A. /*　　B. */　　C. *　　D. //

10. 下面表达式返回结果不是 boolean 类型的是（　　）。

A. 关系表达式　　B. 逻辑表达式

C. 关系和逻辑表达式的混合体　　D. 算术表达式

实践作业

任务：计算银行本息。

要求：存期有一年、两年、三年和五年，年利率分别为 2.25%、2.7%、3.24% 和 3.6%。现存入银行 10 000 元，到期取款，计算银行应支付的本息分别为多少。（利息 = 本金 × 年利率；存期本息 = 本金 + 利息）

项目评价

1. 自主学习任务单

根据完成情况填写自主学习任务单。

学习目标设计：
任务（问题）设计：
自主探究学习过程：
学习评价：
学习成果：

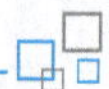

2. 验收标准

验收标准包括6个方面：①准备答辩PPT，PPT的内容（项目背景、项目功能及团队分工情况）；②项目答辩与演示；③团队协作；④代码规范；⑤创新能力；⑥分析解决问题的能力。具体评分表如下：

评委：　　　　　　　　　　　　　　　　　　　　　　　　答辩人：

<table>
<tr><th>评分内容</th><th colspan="4">评分标准</th><th>分数</th></tr>
<tr><td rowspan="7">答辩演讲（40分）</td><td colspan="4">演讲内容：紧扣主题，结构严谨，观点鲜明，用词精练，详略得当（10分）</td><td></td></tr>
<tr><td colspan="4">语言表达：语言规范，口齿清晰，表达准确、流畅、自然（5分）</td><td></td></tr>
<tr><td colspan="4">非语言表现：精神饱满，动作得体，表现恰当（5分）</td><td></td></tr>
<tr><td colspan="4">礼节：上下场致意、答谢（5分）</td><td></td></tr>
<tr><td colspan="4">代码规范（5分）</td><td></td></tr>
<tr><td colspan="4">文档能力（5分）</td><td></td></tr>
<tr><td colspan="4">团队协作能力（5分）</td><td></td></tr>
<tr><td colspan="5">小计</td><td></td></tr>
<tr><td>评分内容</td><td>评分项目</td><td>优（18～20分）</td><td>中（10～17.9分）</td><td>差（0～9.9分）</td><td>分数</td></tr>
<tr><td rowspan="3">固定问答（60分）</td><td>工作思路与思想（20分）</td><td>工作思路清晰，有切合实际的工作设想，并富有开拓意识，方案可行</td><td>工作思路基本清晰，工作设想有一定新意，方案基本可行</td><td>工作思路不够清晰，工作设想没有新意，方案设计不当</td><td></td></tr>
<tr><td>业务知识水平（20分）</td><td>熟悉岗位工作的性质、特点，具备开展工作的知识和技能</td><td>基本熟悉岗位工作的性质、特点，具备一定的开展工作的知识和技能</td><td>对岗位工作性质、特点不够了解，业务知识和技能欠缺</td><td></td></tr>
<tr><td>分析解决问题的能力（20分）</td><td>分析问题有一定的广度和深度，见解令人信服，解决问题的方法得当</td><td>对问题有一定的程度的分析，解决问题的方法基本可行</td><td>分析混乱，不能提出有效的解决办法</td><td></td></tr>
<tr><td colspan="5">小计</td><td></td></tr>
<tr><td colspan="5">总分</td><td></td></tr>
</table>

项目 3 乐 GO 购物管理系统的会员管理模块功能实现

学习目标

通过本项目的学习，应达到以下学习目标：

- 基本 if 选择结构
- 多重 if 选择结构
- if 嵌套选择结构
- switch 选择结构

扫码看视频

项目描述

本项目通过乐 GO 购物管理系统登录和换购功能模块的实现，使学生掌握 Java 的基本 if 选择结构、多重 if 选择结构、if 嵌套选择结构、switch 选择结构等基础知识，主要实现购物系统的会员录入功能、购物结算功能以及计算会员折扣功能。

任务 1　实现会员录入及会员折扣计算功能

【任务目标】

通过任务实现，完成以下学习目标：

- 掌握基本 if 选择结构
- 掌握多重 if 选择结构
- 掌握 if 嵌套选择结构

【任务描述】

- 实现乐 GO 购物管理系统的会员录入及幸运抽奖功能
- 实现乐 GO 购物管理系统的会员折扣计算功能
- 实现效果如图 3-1 ~ 图 3-4 所示

```
Tasks  Console
<terminated> Test (10) [Java Application] C:\Program Files\
乐购购物管理系统>客户信息管理>添加客户信息
请输入会员号（4位整数）：
1233
请输入会员生日（月/日<用两位数表示>）：
1202
请输入积分：
12
已录入的会员信息是：
1233 1202 12
```

图 3-1　会员录入功能效果图

```
Tasks  Console
<terminated> Test (10) [Java Application] C:\Program Files
乐购购物管理系统>幸运抽奖
请输入4位会员号：
1345
1345号客户，谢谢您的支持！
```

图 3-2　会员抽奖功能效果图（未中奖）

```
Tasks  Console
<terminated> Test (10) [Java Application] C:\Pro
乐购购物管理系统>幸运抽奖
请输入4位会员号：
1623
1623号客户是幸运客户，获得精美MP3一个
```

图 3-3　会员抽奖功能效果图（中奖）

会员积分	折扣
x＜2000	9 折
2000≤x＜4000	8 折
4000≤x＜8000	7 折
x≥8000	6 折

```
Tasks  Console
<terminated> Test (10) [Java Application] C:\Program Files
请输入会员积分：
1000
该会员享受的折扣是：0.9
```

图 3-4　会员折扣规则及功能效果图

【知识准备】

选择结构是根据条件是否成立来决定要执行哪些语句的一种结构。在我们的人生道路中会遇到很多选择，可能有两个、三个、甚至多个选择。但是无论在任何人生选择时刻，我们都不要忘记自身的责任、使命与担当，做出最正确的选择。

选择语句包括 if 选择语句和 switch 选择语句，下面将对此进行学习。

if 选择结构

(1) 基本 if 选择结构

生活中我们会经常需要做一些选择，做一些判断，然后决定做某些事情。正如我们在程序里所接触的选择结构。基本的 if 选择结构是根据条件判断之后再进行处理的一种语法结构，对应的程序流程图如图 3－5 所示，语法结构如下：

```
if(布尔表达式) {
    代码块;//如果布尔表达式为 true 将执行的语句
}
```

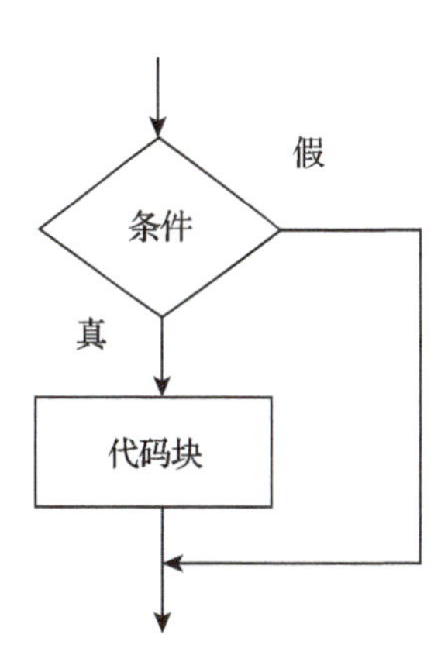

图 3－5　基本 if 选择结构的程序流程图

基本 if 选择结构首先进行条件判断，条件语句为“真”则执行代码块的内容，否则将跳过该代码块并执行后面的程序。正如“鱼和熊掌不可兼得”一样，我们在面对抉择的时候要有理有据，要有明确的是非观念。

【例 3－1】为了弘扬中华民族尊老爱幼的美德，某景点对年龄大于 60 周岁的老人实行免票的政策。请结合该情况，完成该景点售票系统的售票功能实现。

```
public class Example1 {
    public static void main(String[] args) {
        Scanner input = new Scanner(System.in);   //提示输入年龄
        System.out.print("输入您的年龄:");          //从控制台获取顾客的年龄
        int age = input.nextInt();
        if ( age >60 ) {  //判断是否大于 60 周岁
            System.out.println("你好,你的免费门票已生成!");
        }
    }
}
```

接着上面的例题，如果顾客的年龄大于 60 周岁则门票免费，否则需要支付 120 元门票。那么如何实现不满足条件的情况处理呢？

这时就要引入另一种 if 的选择结构，即 if-else 选择结构。if 语句后面可以加上 else 语句，当 if 语句的布尔表达式值为 false 时，else 语句块会被执行，对应的程序流程图如图 3－6所示。语法结构如下：

```
if(布尔表达式){
代码块 1; //如果布尔表达式的值为 true
}
else{
代码块 2; //如果布尔表达式的值为 false
}
```

图 3-6 if-else 选择结构的程序流程图

采用 if-else 实现门票费用计算的问题，代码如下：

```
public class Example2 {
    public static void main(String[] args)
{
        Scanner input = new Scanner(System.in);    //提示输入年龄
        System.out.print("输入您的年龄:");          //从控制台获取顾客的年龄
        int age = input.nextInt();
        if ( age > 60 ) {       //判断是否大于 60 周岁
              System.out.println("您好,您的免费门票已生成!");
      }
      else{
              System.out.println("您好,您的门票费用为 120 元!");
    }
  }
}
```

扫码看视频

(2) 多重 if 选择结构

if 语句后面还可以跟 else if-else 语句，这种语句可以检测到多种可能的情况，其语法格式如下：

```
if(布尔表达式 1){
    //如果布尔表达式 1 的值为 true,执行代码
}
else if(布尔表达式 2){
    //如果布尔表达式 2 的值为 true,执行代码
}
else if(布尔表达式 3){
    //如果布尔表达式 3 的值为 true,执行代码
}
……//可以有多个 else if
else {
    //如果以上布尔表达式都不为 true,执行代码
}
```

【例 3-2】为了强化学生的实践能力，同时培养学生在竞赛中的团队协作的精神，学校

举行了计算机编程大赛，奖项设置如下：

- 如果获得第一名，将参加麻省理工学院组织的为期 1 个月的夏令营。
- 如果获得第二名，将奖励惠普笔记本计算机一台。
- 如果获得第三名，将奖励移动硬盘一个。
- 未取得名次则不给予任何奖励。

李明同学积极参加了本次比赛，请根据他输入的获奖名次，输出对应的奖励类别。

```
public class Example3 {
    public static void main(String[] args) {
      Scanner input = new Scanner(System.in);
      System.out.println("请选择你获得的名次:1. 第一名; 2. 第二名;3. 第三名;");
      int mingci = input.nextInt();
      if(mingci = =1) {
          System.out.println("参加麻省理工学院组织的为期 1 个月的夏令营");
      }
      else if(mingci = =2) {
          System.out.println("奖励惠普笔记本计算机一台");
      }
      else if(mingci = =3) {
          System.out.println("奖励移动硬盘一个");
      }
      else {
          System.out.println("没有任何奖励");
      }
}
```

（3） if 嵌套选择结构

if 嵌套选择结构就是在 if 结构里再嵌入 if 选择结构，语法结构如下：

```
  if(条件 1) {
      if(条件 2) {
          //代码块 1
      } else {
          //代码块 2
      }
  } else {
      //代码块 3
}
```

【例 3－3】 李明同学制定了活动计划的安排：如果今天是工作日，则去上学；如果今天是周末，则外出游玩；同时，如果周末天气晴朗，则去室外游乐场游玩，否则去室内游乐场游玩。

```
public static void main(String[] args) {
    String today = "周末";
```

```
        String weather = "晴朗";
        if(today.equals("周末")) {
            if(weather.equals("晴朗")) {
                System.out.println("去室外游乐场玩吧!");
            }
            else {
                System.out.println("去室内游乐场玩吧!");
            }
        }
        else {
            System.out.println("去上学!");
        }
    }
```

【任务实施】

• 需求说明

乐 GO 购物开展会员办理业务，新加入的会员可以参加一次抽奖活动。其中会员录入的信息包括会员号、生日、积分。抽奖规则：会员号的百位数字等于产生的随机数字即为幸运会员。

• 训练要点

1）If 判断语句的使用；

2）if-else 选择结构的使用。

• 实现思路

1）产生随机数；

2）从控制台接收一个 4 位会员号；

3）分解会员号并获得百位数；

4）判断是否是幸运会员。

视频内容	会员信息录入	
视频内容	会员抽奖	

【任务拓展】

• 需求说明

乐 GO 购物根据会员的积分不同可享受不同的折扣。如果积分小于 2000，则享受 9 折优惠；如果积分大于或等于 2000、小于 4000，则享受 8 折优惠；如果积分大于或等于 4000、小于 8000，则享受 7 折优惠；如果积分大于或等于 8000，则享受 6 折优惠。

- 训练要点

1）多重 if 选择结构的条件匹配；

2）掌握多重 if 选择结构。

- 实现思路

1）实现条件匹配；

2）不同积分条件下折扣计算的代码实现。

视频内容	计算会员折扣	

任务 2　实现商品换购功能

【任务目标】

通过任务实现，完成以下学习目标：

- 掌握 Java 的 switch 选择结构

【任务描述】

- 实现菜单跳转功能，进入乐 GO 购物管理系统后，根据提示输入功能序号，根据选择跳转到具体功能页面。
- 实现商品换购功能，根据购买的金额不同可换购不同的物品。
- 输出效果如图 3－7 和图 3－8 所示。

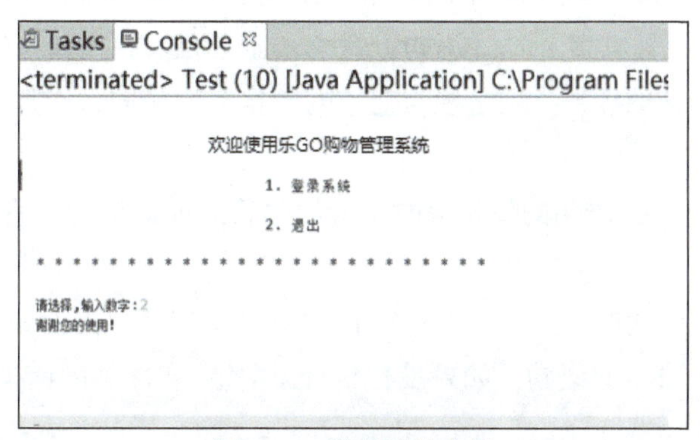

图 3－7　菜单跳转功能

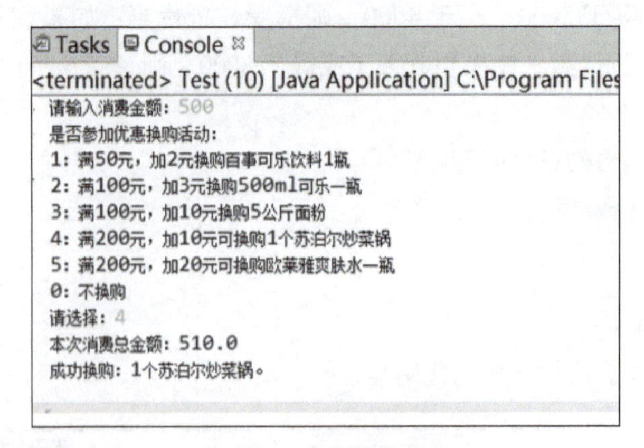

图 3-8　商品换购功能

【知识准备】

switch 选择结构

switch 选择结构是通过 switch-case 语句来判断一个变量与一系列值中某个值是否相等，每个值称为一个分支，语法结构如下：

```
switch(expression){
    case value : //语句
          break; //可选
    case value : //语句
          break; //可选
    //你可以有任意数量的 case 语句
    default : //可选
        //语句
}
```

扫码看视频

switch-case 语句有以下规则。

1）switch 语句中的变量类型可以是：byte、short、int 或者 char。从 Java SE 7 开始，switch 已支持字符串 String 类型，同时 case 标签必须为字符串常量或字符常量。

2）switch 语句可以拥有多个 case 语句，每个 case 后面有一个要比较的值和冒号。

3）case 语句中的值的数据类型必须与变量的数据类型相同，而且只能是常量或者字符常量。

4）当变量的值与 case 语句的值相等时，继续执行后面的语句，直到出现 break 语句才会跳出 switch 语句。

5）当遇到 break 语句时，switch 语句终止，程序跳转到 switch 语句块外面继续执行。case 语句不一定要包含 break 语句，如果没有 break 语句，程序会继续执行下一条 case 语句，直到出现 break 语句。

6）switch语句可以包含一个default分支，该分支一般是switch语句的最后一个分支（可以在任何位置，但建议在最后一个）。default分支在case语句条件都不满足时执行，default分支不需要break语句。

【例3-4】 某银行的网上银行业务办理提供以下功能菜单选择：1. 存款；2. 取款；3. 转账;4. 查询；5. 退出

根据具体的选择，分别进入不同的业务办理。

代码实现如下：

```
public static void main(String[] args) {
    Scanner input = new Scanner(System.in);
    System.out.println("请选择你要办理的银行业务:1.存款;2.取款;3.转账;
  4.查询;5.退出");
    int choose = input.nextInt();
    switch (choose) {
    case 1:
            System.out.println("欢迎进入存款业务办理!");
            break;
    case 2:
            System.out.println("欢迎进入取款业务办理!");
            break;
    case 3:
            System.out.println("欢迎进入转账业务办理!");
            break;
    case 4:
            System.out.println("欢迎进入查询业务办理!");
            break;
    default:
            System.out.println("您已退出系统!");
    }
}
```

【任务实施】

● 需求说明

实现菜单跳转功能，进入乐GO购物管理系统后，根据提示输入功能序号，根据选择跳转到具体功能页面。

● 训练要点

switch选择结构。

● 实现思路

1）使用数字标识菜单号；

2）获取用户输入的数字；

3）执行相应的操作。

视频内容	菜单跳转	

【任务拓展】

实现商品换购功能，顾客根据购买的金额，可以进行相应的物品换购。

- 需求说明

1）实现商品换购功能；

2）选择换购物品，进行换购。

- 训练要点

1）switch 多选择结构的条件匹配；

2）多选择结构的跳转。

- 实现思路

1）实现条件匹配；

2）实现不同条件下的代码执行。

视频内容	商品换购	

项目实训

【实训目标】

- 能熟练使用 Eclipse 开发 Java 程序
- 掌握 if 语句的使用
- 掌握 if 语句的嵌套使用
- 掌握选择程序结构

【实训内容】

全民健康是建设健康中国的根本目的。我们应该倡导健康的生活习惯，从自身做起，做一个身体健康、身心健全的大学生，为祖国的建设做好准备。

BMI是确定“健康体重范围”最常用的工具，请根据公式计算出BMI，并分别根据男女不同的BMI标准给出相应的体型结果。

BMI＝体重(公斤/千克)÷(身高×身高)(米)

男性：

- 过轻：BMI＜20；
- 适中：20≤BMI＜25；
- 过重：25≤BMI＜30；
- 肥胖：30≤BMI＜35；
- 非常肥胖：35≤BMI。

女性：

- 过轻：BMI＜19；
- 适中：19≤BMI＜24；
- 过重：24≤BMI＜29；
- 肥胖：29≤BMI＜34；
- 非常肥胖：34≤BMI。

请编写程序来实现BMI的计算及体型判断的功能。

实现思路：

1）分析选择判断条件；

2）选择合适的选择判断语句。

关键代码如下：

```
public static void main(String[] args) {
        Scanner input = new Scanner(System.in);
        System.out.print("Input your height(m):");
        float height = input.nextFloat();
        System.out.println();
        System.out.print("Input your weight(kg):");
        float weight  = input.nextFloat();
        System.out.println();
        float BMI = weight / (height * height);
        System.out.print("Input your sex(male/female):");
        String sex = input.nextLine();
        if ("male".equalsIgnoreCase(sex)) {
        if (BMI < 20) {
            System.out.println("过轻");
        }

        else if (BMI < 25&&BMI > = 20) {
                System.out.println("适中");
        }
        else if (BMI < 30&&BMI > = 25) {
```

```
                System.out.println("过重");
            }
            else if (BMI <35&&BMI > =30) {
                System.out.println("肥胖");
            }
            else {
                System.out.println("非常肥胖");
            }
        }
        else if ("female".equalsIgnoreCase(sex)) {
            if (BMI <19) {
                System.out.println("过轻");
        }
        else if (BMI <24&&BMI > =19) {
              System.out.println("适中");
        }
        else if (BMI <29&&BMI > =24) {
              System.out.println("过重");
        }
        else if (BMI <34&&BMI > =29) {
              System.out.println("肥胖");
        }
        else if (BMI > =34) {
            System.out.println("非常肥胖");
        }
        else {
            System.out.println("error!");
        }
      }
    }
```

视频内容	BMI 计算及体型判断	

项目小结

本项目主要讲解了 Java 的选择结构，包括 if 选择结构和 switch 选择结构，实现了不同选择结构下实际问题的解决。

if 选择结构包括以下形式：

1）基本 if 选择结构：可以处理单一或组合条件的情况；

2）if-else 选择结构：可以处理简单的条件分支情况；

3）多重 if 选择结构：可以处理分段的条件分支情况；

4）嵌套 if 选择结构：可以处理复杂的条件分支情况。

switch 选择结构：多重分支且条件判断为等值判断。

项目测试

1. 以下代码输出结果为（　　）

```
public class IfTest{
    public static void main(String[] args){
        int x =3;
        int y =1;
        if(x =y)
          System.out.println("不相等");
          else
          System.out.println("相等");
        }
    }
```

A. 不相等　　B. 相等

C. 第五行代码会引起编译错误　　D. 程序正常执行，但没有输出结果

2. case 后面（　　）跟变量。

A. 可以　　B. 不可以

3. 程序设计有 3 种流程结构，是选择、分支和循环。这句话（　　）。

A. 正确　　B. 错误

4. 在以下代码执行后，X 和 Y 的值分别是（　　）。

```
int x =5,y =6;
If(x + + > =y && x > + +y)
{
}
```

A. 5　6　　B. 6　6　　C. 6　7　　D. 7　7

5. 以下代码的运行结果是（　　）。

```
int i  =1;
switch (i) {
case 0:
    System.out.println("zero");
    break;
case1:
    System.out.println("one");
case 2:
    System.out.println("two");
    default:
    System.out.println("default");
}
```

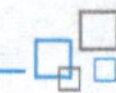

A. one　　　　B. one，default

C. one，two，default　　　　D. default

6. 以下代码的运行结果是（　　）。

```
boolean flag = false;
if (flag = true) {
    System.out.println("true");
} else {
    System.out.println("false");
}
```

A. true　　　　B. false　　　　C. 出错　　　　D. 没有信息输出

7. 以下关于跳转语句的说法中，不正确的是（　　）。

A. break 语句只终止一次循环，不影响下次循环的进行

B. break 语句可以终止循环的进行

C. continue 语句只终止一次循环

D. return 语句用于从函数返回

8. 以下代码的运行结果是（　　）。

```
public static void main(String[] args){
    int a = 2;
     switch(a)
  {
     case1:
         System.out.println ("In case1 a = " + a);
         break;
     case 2:
         System.out.println ("In case 2 a = " + a);
     case 3:
         System.out.println ("In case 3 a = " + a);
         break;
         default:
         System.out.println ("In default a = " + a);
     }
  }
```

A. In case1 a = 1 In case 2 a = 2

B. In case1 a = 2 In case 2 a = 2 In case 3 a = 2

C. In case 2 a = 2 In case 3 a = 2

D. In default a = 2

9. 编译并运行下面的 Java 代码段：

```
char c = 'a';
switch (c) {
case 'a':
```

```
        System.out.println("a");
    default:
        System.out.println("default");
    }
```

输出结果是（　　）。

A. 代码无法编译，因为 switch 语句没有一个合法的表达式

B. adefault

C. a

D. default

10.（　　）是 Java 语言中定义的选择语句类型（多选）。

A. if-else

B. while

C. switch-case

D. for

实践作业

- 任务：个人所得税（个税）计算器的设计与实现。
- 要求：输入工资，计算应纳个税额。

个税额 = 全月应纳税所得额 × 税率 – 速算扣除数

全月应纳税所得额 = （应发工资 – 四金） – 3500

假设四金为 700 元，3500 元为起征点，各段对应的税率见表 3 – 1。

表 3 – 1　各段对应的税率

全月应纳税所得额	税率（%）	速算扣除数
不超过 1 500 元的	3	0
1 500 元 ~ 4 500 元的部分	10	105
4 500 元 ~ 9 000 元的部分	20	555
9 000 元 ~ 35 000 元的部分	25	1 005
35 000 元 ~ 55 000 元的部分	30	2 755
55 000 元 ~ 80 000 元的部分	35	5 505
80 000 元的部分	45	13 505

项目评价

1. 自主学习任务单

根据完成情况填写自主学习任务单。

学习目标设计：
任务（问题）设计：
自主探究学习过程：
学习评价：
学习成果：

2. 验收标准

验收标准包括 6 个方面：①准备答辩 PPT，PPT 的内容（项目背景、项目功能及团队分工情况）；②项目答辩与演示；③团队协作；④代码规范；⑤创新能力；⑥分析解决问题的能力。具体评分表如下：

评委：　　　　　　　　　　　　　　　　　　　　　　　　　　答辩人：

评分内容	评分标准	分数
答辩演讲（40分）	演讲内容：紧扣主题，结构严谨，观点鲜明，用词精练，详略得当（10分）	
	语言表达：语言规范，口齿清晰，表达准确、流畅、自然（5分）	
	非语言表现：精神饱满，动作得体，表现恰当（5分）	
	礼节：上下场致意、答谢（5分）	
	代码规范（5分）	
	文档能力（5分）	
	团队协作能力（5分）	
小计		

评分内容	评分项目	优（18～20分）	中（10～17.9分）	差（0～9.9分）	分数
固定问答（60分）	工作思路与思想（20分）	工作思路清晰，有切合实际的工作设想，并富有开拓意识，方案可行	工作思路基本清晰，工作设想有一定新意，方案基本可行	工作思路不够清晰，工作设想没有新意，方案设计不当	
	业务知识水平（20分）	熟悉岗位工作的性质、特点，具备开展工作的知识和技能	基本熟悉岗位工作的性质、特点，具备一定的开展工作的知识和技能	对岗位工作性质、特点不够了解，业务知识和技能欠缺	
	分析解决问题的能力（20分）	分析问题有一定的广度和深度，见解令人信服，解决问题的方法得当	对问题有一定的程度的分析，解决问题的方法基本可行	分析混乱，不能提出有效的解决办法	
小计					
总分					

项目4 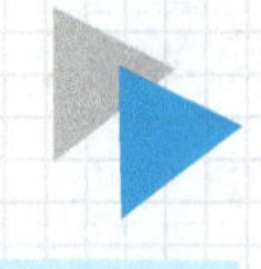 乐 GO 购物管理系统的购物车功能实现

学习目标

通过本项目的学习，应达到以下学习目标：

- 理解循环的含义
- 会使用 while 循环语句
- 会使用 do-while 循环语句
- 会使用 for 循环语句
- 掌握 break 和 continue 的用法
- 会使用 for 语句的嵌套

项目描述

本项目通过购物车功能的实现，使学生掌握 while 循环语句、do-while 循环语句、for 循环语句、break 和 continue 语句的用法及循环的嵌套用法等。

任务1　按编号查询商品价格

【任务目标】

通过任务实现，完成以下学习目标：

- 会使用 while 循环语句
- 会使用 do-while 循环语句

【任务描述】

在购物系统中，为了方便顾客查看商品信息，可输入商品编号，按编号查询商品价格，如图 4-1 所示。

```
乐GO购物管理系统 > 购物结算

*********************************************
请选择购买的商品编号：
1.空调     2.冰箱     3.热水器
*********************************************
请输入商品编号：1
空调        ¥4450.0

是否继续（y/n）y
请输入商品编号：3
热水器       ¥3320.0

是否继续（y/n）
```

图 4-1　按编号查询商品价格

【知识准备】

扫码看视频

循环语句的作用是反复执行一段代码，直到满足循环终止条件。例如，需要显示某人连续 30 天的身体状态时，如果不用循环来实现，就得输出 30 次身体状态信息，代码如下：

```
System.out.println("第 1 天健康");
System.out.println("第 2 天健康");
System.out.println("第 3 天健康");
System.out.println("第 4 天健康");
System.out.println("第 5 天健康");
System.out.println("第 6 天健康");
System.out.println("第 7 天健康");
    .....
System.out.println("第 30 天健康");
```

使用循环语句可以提高效率，将重复的内容简单化、程序高效化。Java 语言支持的循环语句有 while 语句、do-while 语句和 for 语句。循环结构一般应包括 4 个基本部分。

1）初始化部分：用来设置循环的一些初始条件，如计数器清零等。

2）测试条件：通常是一个布尔表达式，每一次循环都要对该表达式求值，以验证是否满足循环终止条件。

3）循环体：反复循环的一段代码，可以是单一的一条语句，也可以是复合语句。

4）迭代部分：在当前循环结束，下一次循环开始前执行的语句，常用来使计数器加 1 或减 1。

1. while 循环语句

当不明确循环执行的次数时，就要使用 while 循环语句。while 语句也称作条件判断语句，它利用一个条件来控制是否要反复执行循环体，语法结构如下：

```
while(条件表达式语句)
  {
```

```
        <循环体>;
    }
```

在循环体执行前先判断循环条件，只有当条件语句为真时，才执行循环体中的语句，执行结束后再检测条件表达式的返回值，直到返回值为假时循环终止。

【例 4-1】 用 while 语句批量打印 100 张试卷。

```
public static void main(String[] args) {
    int x =1;
    while (x < =100) {
        System.out.println("打印第" + x +"张试卷");
        x++;
    }
}
```

同步练习： 快速打印出 1 ~30 天的身体健康状况。

扫码看视频

2. do-while 循环语句

与 while 语句类似，但 do-while 语句是在执行完第一次循环之后才检测条件表达式的值，也就是说包含在大括号中的代码段至少要被执行一次。do-while 语句的语法结构如下：

```
do{
    执行语句;
}while(条件表达式语句);
```

【例 4-2】 用 do-while 语句打印 100 张试卷。

```
public static void main(String[] args) {
    int x=1;
    do{
        System.out.println("打印第"+x+"张试卷");
        x++;
    }while(x< =100);
}
```

注意：

1）布尔表达式在循环体的后面，所以语句块在检测布尔表达式之前就已经执行了。如果布尔表达式的值为 true，则语句块一直执行，直到布尔表达式的值为 false。

2）while 语句条件表达式后面没有分号，而 do-while 语句条件表达式后面有分号。

【任务实施】

- 需求说明

顾客在购买商品时可以查询商品的信息，按编号查询价格。

- 训练要点

while 语句。

- 实现思路

1）创建类；
2）声明变量，存储信息；
3）按编号查询；
4）显示查询信息。

视频内容	查询商品价格	

实现代码如下：

```
public class PriceLookup {
    /*
     * 商品价格查询
     */
    public static void main(String[] args) {
        String name = ""; //商品名称
        double price = 0.0; //商品价格
        int goodsNo = 0; //商品编号
        System.out.println("乐 GO 购物管理系统    > 购物结算 \n");
        //商品清单
    System.out.println("*******************************************");
        System.out.println("请选择购买的商品编号:");
        System.out.println("1.空调        2.冰箱        3.热水器");
    System.out.println("*******************************************");
        Scanner input = new Scanner(System.in);
        String answer = "y"; //标识是否继续
        while ("y".equals(answer)) {
            System.out.print("请输入商品编号:");
            goodsNo = input.nextInt();
          switch (goodsNo) {
            case 1:
              name = "空调";
              price = 4450.0;
          break;
            case 2:
              name = "冰箱";
              price = 8570.0;
          break;
            case 3:
              name = "热水器";
```

```
            price =3320.0;
        break;
        }
      System.out.println(name +"\t" +"¥" + price +"\n");
      System.out.print("是否继续(y/n)");
        answer = input.next();
      }
      System.out.println("程序结束!");
  }
```

【任务拓展】

循环录入会员信息。

- 需求说明

实现菜单跳转功能，进入乐 GO 购物管理系统的会员管理后，根据提示循环录入会员信息，实现效果如图 4－2 所示。

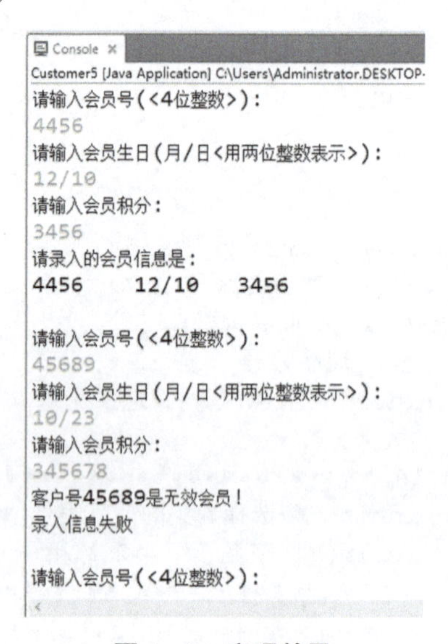

图 4－2 实现效果

- 训练要点

do-while 语句

- 实现思路

1）使用数字标识菜单号；

2）获取用户输入的数字；

3）执行相应的操作。

视频内容	循环录入会员信息	

任务 2　实现购物结算、抽奖及小票打印功能

【任务目标】

通过任务实现，完成以下学习目标：

- for 循环语句的使用
- break 语句和 continue 语句的使用

【任务描述】

选择需要购买的商品，并实现购物结算、小票打印及抽奖功能，实现效果如图 4－3 和图 4－4 所示。

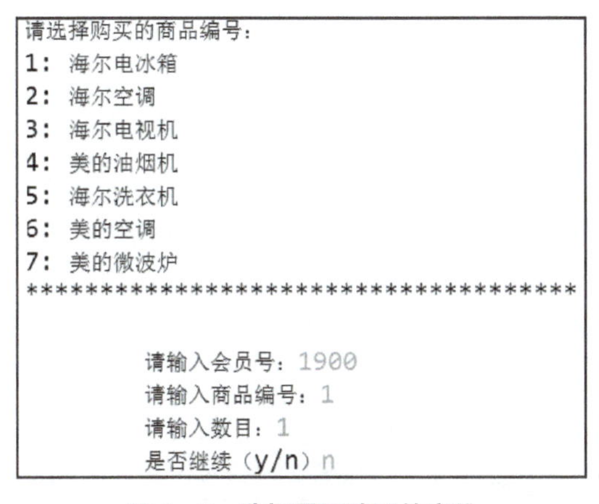

图 4－3　选择需要购买的商品

```
*****************消费清单*********************
物品            单价            个数            金额

海尔电冰箱  ¥2899.0         1               ¥2899.0
折扣：      0.85
金额总计：  ¥2464.15
实际交费：  ¥2500
找钱：      ¥35.85
本次购物所获的积分是： 72

为了感谢您的光临，特推出幸运抽奖：乐Go购物管理系统 >  幸运抽奖


是否开始（y/n）：y
幸运客户获赠MP3：1464
```

图 4－4　购物结算、抽奖及购物小票显示

【知识准备】

1. for 循环语句

for 是 Java 语言中功能最强的循环语句之一，可以用来重复执行某条语句，直到某个条件得到满足。语法结构如下：

```
for(表达式1;表达式2;表达式3){
}
```

其中：

表达式 1：初始化表达式，负责完成变量的初始化。

表达式 2：循环条件表达式，可以是任何布尔表达式，指定循环条件。

表达式 3：修改并控制循环变量递增或递减，从而改变循环条件。

流程图如图 4-5 所示。

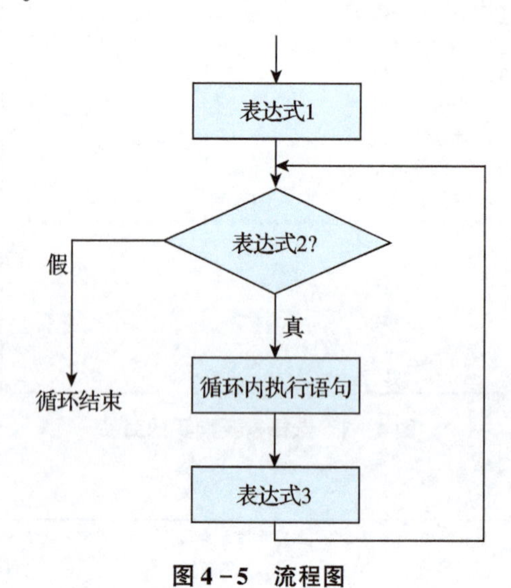

图 4-5　流程图

【例 4-3】 统计平均学习时间。设计一个程序计算学生一周学习时间的平均值，输入每天的学习时间，输出周一至周五每日平均学习时间，如图 4-6 所示。

```
<terminated> StudyTime [Java Application] D:\MyEclipse10\Common\binary\com.sun.java.jdk.win32.x86_64_1.6.0.013\bin\javaw.exe
请输入周1的学习时间: 10
请输入周2的学习时间: 8
请输入周3的学习时间: 8
请输入周4的学习时间: 6
请输入周5的学习时间: 8
周一至周五每日平均学习时间是:8.0小时
```

图 4-6　输出结果

实现代码如下：

```
public class StudyTime {
    /* *
     * 统计平均学习时间
     * /
    public static void main(String args[]){
        int time;              //学习时间
        int sum = 0;           //学习时间之和
        double avg = 0;        //平均学习时间
        Scanner input = new Scanner(System.in);
        for(int i = 0; i < 5; i + +){  //循环5次录入五天学习时间
            System.out.print("请输入周" + (i +1) + "的学习时间:");
            time = input.nextInt();  //录入时间
            sum = sum + time;        //计算学习时间和
        }
        avg = (double)sum /5;              //计算平均学习时间
        System.out.println("周一至周五每日平均学习时间是:" + avg + "小时");
}
```

温馨提示：我们现在在学校阶段拥有学知识的大好时光，所学的专业又必须花大量时间练习基本功、训练逻辑思维能力。这些能力的获取需要我们做到课前预习，课后多做练习题，这样才能提升项目设计与开发能力。实干是发展的一切硬道理。

2. break语句和continue语句

(1) break语句

break的作用是跳出当前循环块（for、while、do-while）或程序块（switch）。在循环块中的作用是跳出当前正在循环的循环体；在程序块中的作用是中断和下一个case条件的比较。

【例4-4】实现健康打卡程序。在30天疫情打卡过程中，某人在第5天查出被感染，要及时就医，停止疫情后续的所有打卡。

实现代码如下：

```
for(int i =1;i< =30;i + +){
    if(i = =5)
            break;
    System.out.println("健康打卡:" +i);
}
```

运行结果为：

健康打卡：1

健康打卡：2

健康打卡：3

健康打卡：4

同步练习：循环录入 5 门课程的成绩，求总分和平均分，当输入负数时则退出。

（2）continue 语句

continue 用于结束循环体中其后语句的执行，并跳回循环程序块的开头执行下一次循环，而不是立刻结束循环体。

【例 4-5】在疫情打卡过程中，某人第 3 天有疑似发热现象，医院检查发现只是普通感冒。当天打卡暂停，第二天继续打卡。

```
for(int i =1;i< =5;i+ +){
    if(i= =3)
    continue;
    System.out.println("健康打卡:"+i);
}
```

运行结果为：

健康打卡：1

健康打卡：2

健康打卡：4

健康打卡：5

同步练习：输入班级人数及每个人的成绩，统计成绩大于或等于 80 分的人数及所占比例。

【任务实施】

- 需求说明

完成用户的购物结算、抽奖并实现购物小票打印功能。

- 训练要点

1）for 循环语句；

2）多选择结构。

- 实现思路

1）实现连续选择商品的功能；

2）显示购买商品信息；

3）实现结算功能。

视频内容	购物结算、抽奖，并打印购物小票	

【任务拓展】

猜数字小游戏。

● 需求说明

用户从键盘输入数字，判断数字与系统随机生成的数字是否一致，如果不一致则再次输入，直到一致或者输入超过 3 次为止。

● 训练要点

1）循环语句的应用；

2）break 和 continue 语句的使用。

● 实现思路

1）声明变量来自存储系统生成的随机数；

2）接收用户从键盘输入的数字；

3）判断两者是否相等；

4）以上内容循环 3 次。

实现效果如图 4－7 所示。

```
<terminated> NewBullsAndCows [Java Appli
欢迎使用猜数字游戏。
本游戏将随机产生一个0-10的随机数。
你要做的是根据提示猜出这个随机数。
准备好了吗？你只有3次机会。
输入 1  开始游戏，输入 2  结束游戏。
输入：1
随机数已经生成！
输入你猜的数：6
大了点。
输入你猜的数：5
大了点。
输入你猜的数：4
正确的是 1，挑战失败。

准备好了吗？你只有3次机会。
输入 1  开始游戏，输入 2  结束游戏。
输入：2
游戏结束，欢迎下次使用。
```

图 4－7　实现效果

视频内容	猜数字游戏	

任务 3　统计打折商品的数量

【任务目标】

通过任务实现，完成以下学习目标：

用 for 语句的嵌套实现商品打折数量的统计。

【任务描述】

统计打折商品的数量。输入 5 个人购买的 3 件商品的价格，当商品价格超过 500 元时，商品打 8 折，输出第几个人共有几件商品享受 8 折，实现效果如图 4－8 所示。

```
请输入第1个人所购的三件商品的价格：
56 678 890
第1个人共有2件商品享受8折优惠！
请输入第2个人所购的三件商品的价格：
445 78 67
第2个人共有1件商品享受8折优惠！
请输入第3个人所购的三件商品的价格：
344 67877 78
第3个人共有2件商品享受8折优惠！
请输入第4个人所购的三件商品的价格：
5555 67 789
第4个人共有2件商品享受8折优惠！
请输入第5个人所购的三件商品的价格：
4567 789 6666
第5个人共有3件商品享受8折优惠！
```

图 4－8　实现效果

【知识准备】

for 语句的嵌套

循环嵌套是指在一个循环语句中再定义一个循环语句的语法结构。

while、do-while 和 for 循环语句都可以进行嵌套，并且它们之间可以进行互相嵌套。最常见的是在 for 循环中嵌套 for 循环。格式如下：

```
for (初始化表达式; 循环条件; 操作表达式)
{
    执行语句
    for (初始化表达式; 循环条件; 操作表达式)
    {
        执行语句
    }
}
```

【例 4－6】实现使用“ * ”打印直角三角形，如图 4－9 所示。

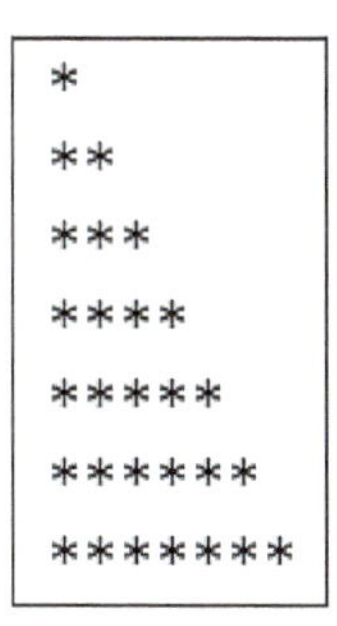

图 4－9　打印直角三角形

实现代码如下：

```
public static void main(String[] args) {
        int i, j;
        for (i =0; i <= 7; i ++) { //外层循环控制行数
            for (j =1; j <= i; j ++) { //内层循环打印 *
              System.out.print("*"); //注意不是 println
        }
        System.out.print("\n"); //换行
    }
}
```

分析：

1）定义了两层 for 循环，分别为外层循环和内层循环，外层循环用于控制打印的行数。内层循环用于打印“ * ”，每一行“ * ”的个数逐渐增加，最后输出一个直角三角形。

2）定义了两个循环变量 i 和 j，其中 i 为外层循环变量，j 为内层循环变量。

同步练习：打印九九乘法表，如图 4－10 所示。

```
Problems  @ Javadoc  Declaration  Console
<terminated> ForDemo3 [Java Application] D:\MyEclipse10\Common\binary\com.sun.java.jdk.win32.x86_64_1.6.0.013\bin\javaw.exe
1*1=1
1*2=2	2*2=4
1*3=3	2*3=6	3*3=9
1*4=4	2*4=8	3*4=12	4*4=16
1*5=5	2*5=10	3*5=15	4*5=20	5*5=25
1*6=6	2*6=12	3*6=18	4*6=24	5*6=30	6*6=36
1*7=7	2*7=14	3*7=21	4*7=28	5*7=35	6*7=42	7*7=49
1*8=8	2*8=16	3*8=24	4*8=32	5*8=40	6*8=48	7*8=56	8*8=64
1*9=9	2*9=18	3*9=27	4*9=36	5*9=45	6*9=54	7*9=63	8*9=72	9*9=81
```

图 4－10　打印九九乘法表

【任务实施】

● 需求说明

统计 5 个会员购买商品的打折数量，当商品价格大于 500 元时，商品打 8 折。

- 训练要点

for 循环语句嵌套。

- 实现思路

1）创建类；

2）声明变量，存储信息；

3）判断商品价格，当价格大于 500 元时，打 8 折；

4）输出第几个会员的打折商品个数。

视频内容	统计打折商品的数量	

实现代码如下：

```
public static void main(String[] args) {
        int count = 0; //记录打折商品数量
        Scanner input = new Scanner(System.in);
        double price = 0.0; //商品价格
        for (int i = 0; i < 5; i ++) {
            System.out.println("请输入第" + (i + 1) + "个人所购的三件商品的价格:");
            for (int j = 0; j < 3; j ++) {
            price = input.nextDouble();
            if (price < 500) {
                continue;
            }
            count ++; //累计
        }
      System.out.println("第" + (i + 1) + "个人共有" + count + "件商品享受 8 折优惠!");
      count = 0; //重置 count 值
    }
}
```

【任务拓展】

有 5 个会员购买了 5 种商品，统计所有消费的总金额。

- 需求说明

1）实现商品购买结算功能；

2）统计所有会员的商品价格总和。

- 训练要点

for 语句嵌套。

- 实现思路

1）实现会员结算功能；

2）统计所有会员的消费金额总和。

视频内容	统计所有会员的消费总额	

项目实训

【实训目标】

- 能熟练使用 Eclipse 开发简单的 Java 程序
- 掌握 while 循环语句、do - while 循环语句、for 循环语句
- 掌握 break 和 continue 语句用法
- 掌握 Java 运算符应用和表达式的书写
- 掌握简单的调试方法

【实训内容】

实现银行 ATM 存取款系统的登录功能，有 3 次登录机会，如果输入用户名为“admin”，密码为“123456”则成功进入系统，否则提示“您输入的信息有误”。当输入信息错误次数超过 3 次时，提示“对不起，您 3 次均输入错误!”。

实现思路：

1）菜单输出；

2）菜单选项；

3）循环语句应用。

关键代码如下：

```
public class LoginCheck {
    /**
     * 验证用户名和密码(根据匹配情况执行不同操作)
     */
    public static void main(String[] args) {
        int i = 0;
        String userName;
        String password;
        Scanner input = new Scanner(System.in);
        for(i = 0; i < 3; i + +){
```

```
                System.out.print("请输入用户名:");
                userName = input.next();
                System.out.print("请输入密码:");
                password = input.next();
                if("admin".equals(userName) &&"123456".equals(password)){ //匹配
                    System.out.println("欢迎登录银行 ATM 存取款系统!");
                    break;
                }
            else{ //不匹配
                System.out.println("您输入的信息有误\n");
                continue;
            }
        }
        if(i = =3){ //3 次都不匹配
                System.out.println("对不起,您 3 次均输入错误!");
        }
    }
```

视频内容	银行 ATM 存取款系统登录功能实现	

项目小结

本项目主要讲解循环语句等知识，通过案例和任务让学生掌握基础知识，并能解决生活中的实际问题，培养了学生的动手能力和创新能力。

项目测试

1. (　　) 表达式不可以作为循环条件。

A. i + +;　　　　　　　　　　B. i >5;

C. bEqual = str. equals (" q");　　　　D. count = = i;

2. 以下代码的输出结果是 (　　)。

```
int a =0;
while(a <5) {
  switch(a){
  case 0:
  case 3:a = a +2;
```

```
  case 1:
  case 2:a = a +3;
  default:a = a +5;
  }
}
```

A. 0　　B. 5　　C. 10　　D. 其他

3. 以下代码的输出结果是（　　）。

```
int i =10;
  while (i >0){
   i = i +1;
   if (i = =10){
  break;
   }
}
```

A. while 循环执行 10 次　　B. 死循环

C. 循环一次都不执行　　D. 循环执行一次

4. 下面有关 for 循环的描述正确的是（　　）。

A. for 循环体语句中，可以包含多条语句，但要用大括号括起来

B. for 循环只能用于循环次数已经确定的情况

C. 在 for 循环中，不能使用 break 语句跳出循环

D. for 循环是先执行循环体语句，后进行条件判断

5. score 是一个整数数组，有 5 个元素，已经正确初始化并赋值，仔细阅读下面的代码，运行结果是（　　）。

```
temp = score[0];
for (int index =1;index <5;index + +) {
  if (score[index] <temp) {
  temp = score[index];
  }
}
```

A. 求最大数　　B. 求最小数

C. 找到数组最后一个元素　　D. 编译出错

6. 以下代码的执行结果是（　　）。

```
for(int i =0;;){
  System.out.println(" 这是  " + i);
      break ;
    }
```

A. 语法错误，缺少表达式 2 和表达式 3

B. 死循环

C. 程序什么都不输出

D. 输出：这是 0

7. 以下代码的输出结果是（　　）。

```
int i =0,s =0;
do{
    if (i% 2 = = 0 ){
        i + +;
        continue;
    }
    i + +;
    s =s + i;
} while (i <7);
```

A. 16　　B. 12　　C. 28　　D. 21

8. 以下代码的输出结果是（　　）。

```
int i =0, j =9;
do {
  if(i + + > - -j)
  break;
} while(i <4);
System.out.println("i = " +i +" and j = " +j);
```

A. i =4 and j =4　　B. i =5 and j =5

C. i =5 and j =4　　D. i =4 and j =5

9. 以下选项中循环结构合法的是（　　）。

A.
```
while (int i <7){
        i ++;
        System.out.println("i is" +i);
    }
```

B.
```
int j =3;
while(j){
        System.out.println("j is" +j);
    }
```

C.
```
int j =0;
for(int k =0; j + k !  =10; j ++ ,k ++ ){
        System.out.println("j is" + j +"k is" + k);
    }
```

D.
```
int j =0;
do{
```

```
    System.out.println("j is" + j++);
    if (j == 3) {continue loop;}
} while (j < 10);
```

10. 下列关于 for 循环和 while 循环的说法中正确的是（　　）。
    A. while 循环能实现的操作，for 循环也都能实现
    B. while 循环判断条件一般是程序结果，for 循环判断条件一般是非程序结果
    C. 两种循环在任何时候都可相互替换
    D. 两种循环结构中都必须有循环体，循环体不能为空

实践作业

统计游戏点击率

需求说明：

1）输入游戏的点击率，判断点击率大于 100 的游戏个数；

2）计算出点击率大于 100 的游戏所占的比例。

训练要点：

1）循环语句的应用；

2）continue 语句的使用。

实现思路：

1）使用循环语句输入 4 个游戏的点击率；

2）判断点击率大于 100 的游戏个数；

3）计算出点击率大于 100 的游戏所占的比例。

实现效果如图 4-11 所示。

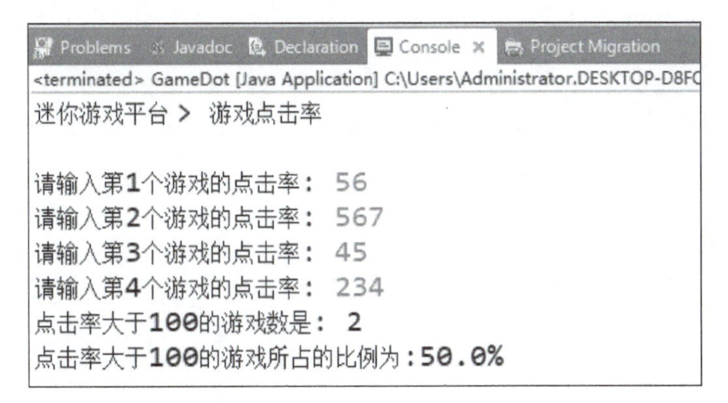

图 4-11　实现效果

项目评价

1. 自主学习任务单

根据完成情况填写自主学习任务单。

学习目标设计：
任务（问题）设计：
自主探究学习过程：
学习评价：
学习成果：

2. 验收标准

验收标准包括 6 个方面：①准备答辩 PPT，PPT 的内容（项目背景、项目功能及团队分工情况）；②项目答辩与演示；③团队协作；④代码规范；⑤创新能力；⑥分析解决问题的能力。具体评分表如下：

评委：　　　　　　　　　　　　　　　　　　　　　　　　　答辩人：

评分内容	评分标准	分数
答辩演讲（40 分）	演讲内容：紧扣主题，结构严谨，观点鲜明，用词精练，详略得当（10 分）	
	语言表达：语言规范，口齿清晰，表达准确、流畅、自然（5 分）	
	非语言表现：精神饱满，动作得体，表现恰当（5 分）	
	礼节：上下场致意、答谢（5 分）	
	代码规范（5 分）	
	文档能力（5 分）	
	团队协作能力（5 分）	
小计		

评分内容	评分项目	优（18～20 分）	中（10～17.9 分）	差（0～9.9 分）	分数
固定问答（60 分）	工作思路与思想（20 分）	工作思路清晰，有切合实际的工作设想，并富有开拓意识，方案可行	工作思路基本清晰，工作设想有一定新意，方案基本可行	工作思路不够清晰，工作设想没有新意，方案设计不当	
	业务知识水平（20 分）	熟悉岗位工作的性质、特点，具备开展工作的知识和技能	基本熟悉岗位工作的性质、特点，具备一定的开展工作的知识和技能	对岗位工作性质、特点不够了解，业务知识和技能欠缺	
	分析解决问题的能力（20 分）	分析问题有一定的广度和深度，见解令人信服，解决问题的方法得当	对问题有一定的程度的分析，解决问题的方法基本可行	分析混乱，不能提出有效的解决办法	
小计					
总分					

项目5 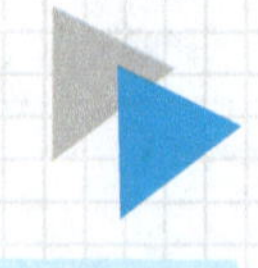 乐GO购物管理系统的商品统计功能实现

学习目标

通过本项目的学习，应达到以下学习目标：

- 理解数组的定义
- 掌握数组的基本用法
- 掌握数组的排序
- 掌握数组的查找与比较

项目描述

本项目通过显示商品名称、商品销售排行榜功能的实现，使学生掌握一维数组的定义与使用、遍历、排序、查找、比较等基础知识。主要的项目功能实现包括：

1）显示商品名称；

2）商品销量排行榜。

任务1 显示商品名称

【任务目标】

通过任务实现，完成以下学习目标：

- 理解数组的定义
- 掌握数组的基本用法

【任务描述】

- 用户输入5件商品的名称
- 在控制台打印输出5件商品的名称

任务1实现效果如图5-1所示。

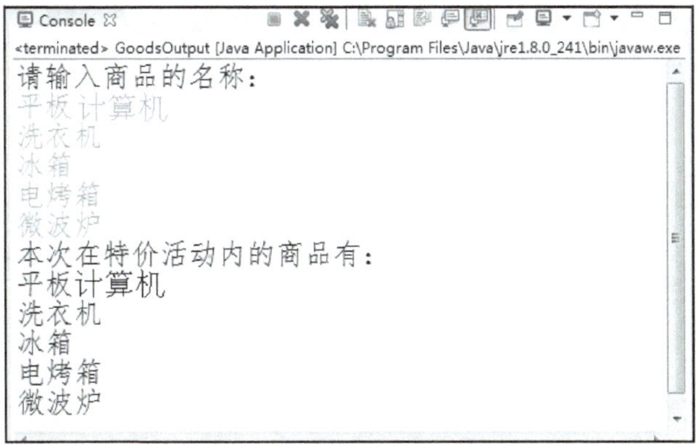

```
Console ☒
<terminated> GoodsOutput [Java Application] C:\Program Files\Java\jre1.8.0_241\bin\javaw.exe
请输入商品的名称:
平板计算机
洗衣机
冰箱
电烤箱
微波炉
本次在特价活动内的商品有:
平板计算机
洗衣机
冰箱
电烤箱
微波炉
```

图 5-1　任务 1 实现效果

【知识准备】

数组是具有相同数据类型的一组有序数据的集合。数组中的每个元素都属于同一个数据类型，不同数据类型的数据不能放在同一个数组中。

1. 一维数组的定义与使用

数组的访问是通过索引完成的，即数组名称［索引］，但是需要注意的是，数组的索引从 0 开始，所以索引的范围就是 0～（数组长度 -1）。例如，一个长度为 3 的数组，可以使用的索引是 0、1、2，如果访问超过了数组的索引范围，就会产生错误。在 Java 中有一种动态获得数组长度的方式是“数组名称. length”。

(1) 数组的声明

数据类型［］数组名称 = new 数据类型［长度］;

例如：声明一个 int 型数组。

```
public class ArrayDemo {
  public static void main(String args[]) {
        int data[] = new int[3]; //创建一个长度为 3 的数组
  }
}
```

例如：采用分步的模式创建数组空间。

```
public class ArrayDemo {
  public static void main(String args[]) {
        int data[] = null; //声明数组
        data = new int[3]; //创建一个长度为 3 的数组
  }
}
```

注意：数组属于引用数据类型，所以在数组使用之前一定要分配空间（实例化），如果使用了没有空间的数组，就会出现错误，例如：

```
public class ArrayDemo {
  public static void main(String args[]) {
        int data[] = null;
        System.out.println(data[x]);//未分配空间会显示异常
  }
}
```

（2）数组的赋值

1）静态赋值，示例代码如下：

```
public class ArrayDemo {
    public static void main(String args[]) {
      //一步到位赋值,第一种方式
      int data[] = {10,20,30}
      //一步到位赋值,第二种方式
      int data[] =new int[3]{10,20,30}
    }
}
```

2）动态赋值，示例代码如下：

```
package com.svse.test;
import java.util.Scanner;
public class ArrayDemo {
  public static void main(String[] args) {
      //动态赋值第一种方式,分步赋值
        int data1[] = null;
        data1 =new int[3]; //创建一个长度为 3 的数组
        data1[0] =10; //数组赋值
        data1[1] =20;
        data1[2] =30;
      //动态赋值第二种方式,键盘输入
        Scanner input =new Scanner(System.in);
        int[] data 2 =new int[5];
        for (int i =0; i < data 2.length; i ++) {
            data 2[i] = input.nextInt(); //通过键盘输入动态赋值
      }
    }
}
```

2. 一维数组的遍历

在实际开发中，使用数组遍历的情况很多，大部分是利用 for 循环语句实现的。数组的遍历就是对数组中的每一个元素进行逐一输出，默认的处理方式就是打印输出。

（1）第一种方式

示例代码如下：

```
public class Test{
    public static void main(String [] args){
        int [] arr = {1,2,3,4,5}; //创建一个有5个元素的数组
        for(int i =0;i < arr.length;i ++){ //进行遍历
            System.out.print(arr[i] + " \t"); //输出其中的元素
          }
        }
    }
```

运行结果如图5-2所示。

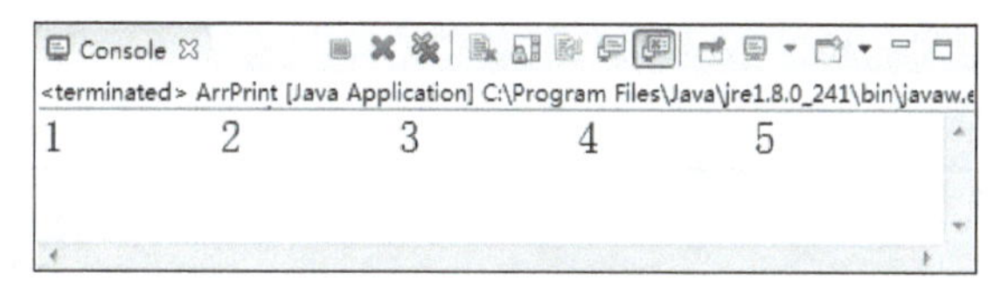

图5-2　运行结果

（2）第二种方式：for-each

for-each是增强for循环，在遍历集合和数组时使用比较便利。语法格式如下：

```
for(元素数据类型　元素变量 : 遍历对象){
//循环体代码块
}
```

示例代码如下：

```
public class Test1{
    public static void main(String [] args){
        int [] arrA = {1,2,3,4,5}; //创建一个有5个元素的数组
        for(int i:arrA){ //进行遍历
            System.out.print(i + " \t"); //输出其中的元素
            }
        }
    }
```

运行结果如图5-3所示。

Console
<terminated> ArrPrint [Java Application] C:\Program Files\Java\jre1.8.0_241\bin\javaw.e
1 2 3 4 5

图5-3　运行结果

【任务实施】

- 创建一个长度为 5 的 String 数组，存储商品名称
- 使用循环打印方法输出商品名称

视频内容	商品名称显示	

【任务拓展】

在任务 1 的基础上稍作修改，输入任务 1 中商品对应的价格，再以表格的形式输出 5 件商品的单价及总金额。

视频内容	商品单价显示及结算	

任务 2　商品销售排行榜

【任务目标】

通过任务实现，完成以下学习目标：

- 会使用 java. util. Arrays 类的 sort（）方法
- 掌握数组元素的查找与比较

【任务描述】

- 循环输入 6 类商品的销量
- 进行升序排列后输出结果

任务 2 实现效果如图 5－4 所示。

```
Console ☒
<terminated> GoodSort [Java Application] C:\Program Files\Java\jre1.8.0_241\bin\javaw.exe (2020年6月
请输入6类商品的销量:
1000
678
975
567
666
999
商品的销量按升序排列: 567 666 678 975 999 1000
```

图 5-4　任务 2 实现效果

【知识准备】

数组排序是将一组“无序”的数组元素调整为“有序”的数组元素。例如，“9，4，5，2，0，1”按升序排列后为“0，1，2，4，5，9”，按降序排列后为“9，5，4，2，1，0”。

1. 一维数组排序

扫码看视频

一维数组排序就是将数组中原本无序的数据进行处理后，使数组中的数据从小到大（升序）排列，或者使数组中的数据从大到小（降序）排列。本任务主要讲解 java. util. Arrays 类的 sort( ) 方法。

Arrays 类位于 java. util 包中，主要提供操作数组的各种方法，如排序、查询等。Arrays 类的 sort( ) 方法可以对数组进行升序排列，语法如下：

```
Arrays.sort(数组名);
例如,对数组“9,4,5,2,0,1”进行升序排列,代码如下:
    package com.svse.test;
    import java.util.Arrays;
    public class ArrayDemo {
      public static void main(String[] args) {
            int[] arr = { 9, 4, 5, 2, 0,1 };
            Arrays.sort(arr);
            for (int i =0; i <arr.length; i ++) {
                  System.out.print(arr[i] + " \t");
            }
      }
    }
```

运行结果如图 5-5 所示。

```
Console ☒
<terminated> ArrayDemo [Java Application] C:\Program Files\Java\jre1.8.0_241\bin\javaw.exe (2020年2月3日
0	1	2	4	5	9
```

图 5-5　运行结果

2. 一维数组元素的查找与比较

一维数组的查找与比较就是在一个数组中查找某个元素是否存在。例如，现有一个数组里存储了 10 个整数，需要查找 8 是否在数组中。只需用 for 循环对数组进行遍历，用数组元素和 8 进行比较，如果相等就退出循环，对应代码如下：

```
package com.svse.test;
public class ArrFind {
  public static void main(String[] args) {
        //TODO Auto-generated method stub
        int[] arr = {1,2,4,10,5,7,3,15,9,6};
        boolean flag = false;
        for (int i =0; i < arr.length; i ++) {
              if (arr[i] = =8) {
                  flag = true;
                  break;
              }
        }
        if (flag) {
              System.out.println("该数组中存在 8 这个数");
        }
        else {
            System.out.println("该数组中不存在 8 这个数");
        }
    }
}
```

数组的查找与比较也可以用于求一个数组的最大值和最小值，下面介绍求数组的最小值。

从键盘输入 6 位考生在 Java 期末考试中的成绩，求考试成绩的最低分。现从键盘输入的成绩为：70，89，90，69，88，98。

代码如下：

```
package com.svse.test;
import java.util.Scanner;
public class MinScore {
  /*** 求数组最小值 */
  public static void main(String[] args) {
        int[] scores = new int[6];
        int min = 0; //记录最小值
        System.out.println("请输入 6 位考生的 Java 期末考试成绩:");
        Scanner input = new Scanner(System.in);
        for(int i =0; i < scores.length; i ++){
```

```
            scores[i] = input.nextInt();
        }
        //计算最小值
        min = scores[0];
        for(int i =1; i < scores.length; i ++){
            if(scores[i] <min){
                min = scores[i];
            }
        }
        System.out.println("考试成绩最低分为:" + min);
    }
}
```

运行结果如图5-6所示。

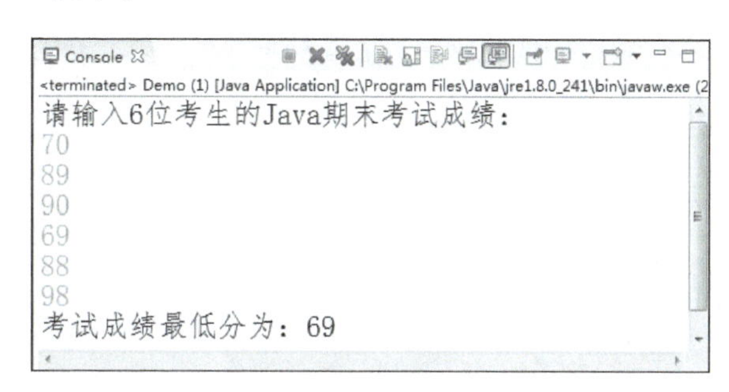

图5-6　运行结果

3. 二维数组的定义与运用

之前使用的数组只需要一个索引就可以进行访问，这样的数组实际上非常像一个数据行，即

索引	0	1	2	3	4	5	6	7	8
内容	22	33	44	56	97	45	100	88	2020

上述所示，通过一个索引就可以取得唯一的某个数据，这样的数组可以简单理解为一维数组。而二维数组本质上指的是行列的集合，要确定某个数据时需要行索引和列索引共同进行定位。

索引	0	1	2	3	4	5	6	7	8
0	22	33	44	56	97	45	100	88	2020
1	10	13	41	59	90	47	58	77	112

如果要想确定一个数据，使用的结构是“数组名称［行索引］［列索引］”，所以这样的结构就是一个表的结构。

对二维数组的定义有两种声明形式：

数组的动态初始化：

数据类型 数组名称[][] = new 数据类型[行个数][列个数];

数组的静态初始化：

数据类型 数组名称[][] = new 数据类型[行个数][列个数]{{值, 值,…}, {值, 值,…},…};

数组的数组就是二维数组。

例如，定义一个二维数组，代码如下：

```
public class ArrayDemo {
  public static void main(String args[]) {
        int data[][] = new int[][] {
              {1, 2, 3}, {4, 5,0}, {6, 7, 8, 9}};
        //如果在进行输出的时候一定要使用双重循环
        //外部的循环控制输出的行数,而内部的循环控制输出的列数
        for(int i = 0; i < data.length; i ++) {
        for(int j = 0; j < data[i].length; j ++) {
                  System.out.print("data[" + i + "][" + j + "] = " + data[i][j] + "   ");
        }
        System.out.println();
        }
    }
}
```

【任务实施】

- 创建一个长度为 6 的 String 数组，存储商品类别
- 创建一个长度为 6 的 int 数组，存储各类商品的销量
- 循环输入商品的类别
- 循环输入各类商品的销量
- 进行升序排列后输出结果

视频内容	商品销售排行榜	

【任务拓展】

逆序输出

在任务 2 的基础上稍作修改，输入商品销量并进行升序排列后，进行升序和逆序输出。

- 需求说明

1）将销量序列保存在长度为 6 的数组中；

2）将一组乱序的数据进行排序；

3）进行升序和逆序输出。

- 实现思路

1）创建长度为6的int类型的数组；

2）利用Arrays类的sort（ ）方法对数组进行排序并循环输出；

3）从最后一个元素开始，将数组中的元素逆序输出。

视频内容	逆序输出	

项目实训

【实训目标】

- 能较熟练地创建数组
- 掌握数组的赋值
- 掌握数组的排序

【实训内容】

有五个评委，对一个歌手的唱歌表演打分，要求去掉一个最高分和去掉一个最低分后，计算平均分作为该歌手的最终得分。

实现思路：

1）创建长度为5的double类型的数组

2）对数组进行动态赋值

3）利用Arrays类的sort（ ）方法对数组进行排序

4）去掉最高分、最低分后，计算评委给分的平均分

关键代码如下：

```
public static void main(String[] args) {
        double avg = 0;
        System.out.println("********** 请评委打分 **********");
        Scanner input = new Scanner(System.in);
        double[] scores = new double[5];
        for (int i = 0; i < scores.length; i ++) {
                System.out.println("请输入第" + (i + 1) + "个评委给分:");
                scores[i] = input.nextDouble();
        }
        Arrays.sort(scores);
        System.out.println("去掉一个最高分:" + scores[4]);
        System.out.println("去掉一个最低分:" + scores[0]);
```

```
        avg = (scores[1] + scores[2] + scores[3]) /3;
        System.out.println("该选手的最后得分是:" + avg);
    }
```

【项目实现】

视频内容	评委打分	

项目小结

本项目主要讲解了 Java 中的数组的定义以及数组的声明、赋值、引用、排序、查询等知识，将知识点贯穿于任务和案例中，重点培养学生运用数组解决问题的能力。

项目测试

1. 以下数组定义中不正确的是（　　）。

A. int[ ] num = new int[ ];　　B. int[ ] num = new int[ ]{1,2,3,4,5};

C. int num[ ] = {1,2,3,4,5};　　D. int[ ] num = {1,2,3,4,5};

2. 若声明：int a [ ] = new int [10]，则 a 数组的最后一个元素是（　　）。

A. a [10]　　B. a [9]　　C. a [8]　　D. a [7]

3. 以下程序的输出结果是（　　）。

```
public static void main(String[ ] args){
    int [ ] a = {1,2,3,4,5,6,7};
    int temp;
    for(int i = 0;i < a.length/2;i ++ ){
        temp = a[i];
        a[i] = a[6 - i];
        a[6 - i] = temp;
    }
    for(int i = 0;i < 7;i ++ )
    System.out.print(a[i]);
}
```

A. 1234567　　B. 2341675　　C. 7654321　　D. 7254361

4. 以下程序的输出结果是（　　）。

```
public static void main(String[ ] args){
    int a[ ] = {1,2,3,4,5,6,7};
    for(int i = 1;i < 7;i + + ){
        a[i] = a[i - 1];
```

```
            System.out.print(a[i]);
        }
    }
```

A. 1234567　　B. 7654321　　C. 1222222　　D. 1111111

5. 以下程序的输出结果是（　　）。

```
public static void main(String[]args){
    int a[]={1,3,5,7,9};
    int b[]={2,4,6,8,10};
    int c[]=new int[5];
    for(int i=0;i<5;i++){
        c[i]=a[i]+b[4-i];
        System.out.print(c[i]+"  ");
    }
}
```

A. 2　7　11　15　19　　B. 11　11　11　11　11

C. 1　2　3　4　5　6　　D. 3　5　7　9　11

6. 语句 int [ ] a= {3, 5, 6, 7, 1}，以下对此语句叙述不正确的是（　　）。

A. 定义了一个名为 a 的一维数组

B. a 数组有 5 个元素

C. a 数组的下标为 1、2、3、4、5

D. 数组中的每个元素都是整数

7. 定义 double [ ] x= {1.0, 4.5, 6.7, 9.5}，对 x 数组元素的引用错误的是（　　）。

A. x [1]　　B. x [0]　　C. x [2]　　D. x [4]

8. 以下代码中，能够对数组正确初始化（或者默认初始化）的是（　　）。

A. int[ ] a;

B. a={1, 2, 3, 4, 5};

C. int[ ] a=new int[5]{1, 2, 3, 4, 5};

D. int[ ] a=new int[5];

9. 在 Java 语言中，数组的索引是从（　　）开始的。

A. 0　　B. 1　　C. 2　　D. 3

10. 假设有整型数组的定义 int a [ ] =new int [10]，那么 a. length 的值为（　　）。

A. 6　　B. 9　　C. 8　　D. 10

实践作业

任务：插入算法 。

要求：有一组学员的成绩为{99, 85, 82, 63, 60}，将它们按升序排列。现要增加一个学员的成绩，请将它插入到成绩序列中，并保持升序排列。

项目评价

1. 自主学习任务单

根据完成情况填写自主学习任务单。

学习目标设计：
任务（问题）设计：
自主探究学习过程：
学习评价：
学习成果：

2. 验收标准

验收标准包括 6 个方面：①准备答辩 PPT，PPT 的内容（项目背景、项目功能及团队分工情况）；②项目答辩与演示；③团队协作；④代码规范；⑤创新能力；⑥分析解决问题的能力。具体评分表如下：

评委：　　　　　　　　　　　　　　　　　　　　　　　　　　　　　　答辩人：

评分内容	评分标准	分数
答辩演讲（40分）	演讲内容：紧扣主题，结构严谨，观点鲜明，用词精练，详略得当（10分）	
	语言表达：语言规范，口齿清晰，表达准确、流畅、自然（5分）	
	非语言表现：精神饱满，动作得体，表现恰当（5分）	
	礼节：上下场致意、答谢（5分）	
	代码规范（5分）	
	文档能力（5分）	
	团队协作能力（5分）	
小计		

评分内容	评分项目	优（18～20分）	中（10～17.9分）	差（0～9.9分）	分数
固定问答（60分）	工作思路与思想（20分）	工作思路清晰，有切合实际的工作设想，并富有开拓意识，方案可行	工作思路基本清晰，工作设想有一定新意，方案基本可行	工作思路不够清晰，工作设想没有新意，方案设计不当	
	业务知识水平（20分）	熟悉岗位工作的性质、特点，具备开展工作的知识和技能	基本熟悉岗位工作的性质、特点，具备一定的开展工作的知识和技能	对岗位工作性质、特点不够了解，业务知识和技能欠缺	
	分析解决问题的能力（20分）	分析问题有一定的广度和深度，见解令人信服，解决问题的方法得当	对问题有一定的程度的分析，解决问题的方法基本可行	分析混乱，不能提出有效的解决办法	
小计					
总分					

项目 6

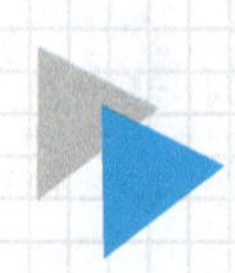

乐 GO 购物管理系统的管理员登录及会员信息管理模块功能实现

学习目标

通过本项目的学习，应达到以下学习目标：

- 了解面向对象的基本特性
- 掌握类的定义和对象的创建方法
- 掌握方法、变量的定义与使用
- 理解重载的定义与使用

项目描述

本项目通过类的定义和对象的创建实现管理员的登录功能，通过对会员的信息管理掌握方法的定义与使用。

任务 1　定义管理员类并实现登录功能

【任务目标】

通过任务实现，完成以下学习目标：

- 了解面向对象的基本特性
- 掌握类的定义和对象的创建方法

【任务描述】

创建管理员类，类内属性有用户名 userName 和密码 userPWD，定义一个登录方法 login()，当用户名和密码与指定的用户名和密码一致时进入系统，否则提示“您输入的信息有误，请重新输入正确的信息。”

【知识准备】

1. 类和对象

(1) 对象的概念

对象（Object）是现实世界中实际存在的某个具体事物。例如，具体的一本书、一个学生、一个教师、一台计算机等。人类在对事物进行描述的时候大多从两个方面——静（特征、特性）和动（行为、用途）来展开。所以，对象包含静态的特征和动态的行为。在Java语言中，在对对象进行描述时，其静态的特征称为属性，动态的行为或用途称为方法。例如，一条狗是一个对象，它的状态有颜色、名字、品种；行为有摇尾巴、叫、吃等。

假设要做一个学生管理系统，系统里会有很多学生信息，每个学生都有自己的学号、姓名、年龄等信息。那么这些学生信息就可以归为一个大类，即学生类。学号、姓名、年龄是这个学生类的属性，每一个具体的学生就是对象。

(2) 类的概念

把具有相同特征及行为的一组对象称为一类对象。在面向对象的思想中，类是同种对象的集合与抽象。例如，自行车、公交车、货车、小汽车等都属于车类，并且不同的车之间会有共同的特点。为了方便描述这些实际存在的实体，在面向对象思想中引入了类的概念，用于对所有对象提供统一的抽象描述，其内容包括属性和方法两个部分。

2. 定义类和创建对象

在Java中，类是面向对象程序设计的基本单位。类定义了某些对象的共有变量和方法，类的属性是现实对象的特征或状态的数值表示，类的方法是对现实对象进行的某种操作或对外表现的某种行为。通过类可以创建一个个具体的对象，对象是由一组相关的属性和方法共同组成的一个个具体的实体。

(1) 类的声明

在Java中定义类，使用关键字class完成。语法如下：

```
[修饰符] class 类名{
        属性(变量);
        行为(方法);
}
```

修饰符：修饰类的修饰符有public、abstract和final等。

【例6-1】 定义一个Person类。

```
class Person {        //类名称首字母大写
    String name ; //成员变量
    int age ; //成员变量
```

```
    public void tell() {          //方法
            System.out.println("姓名:" + name + ",年龄:" + age) ;
        }
}
```

注意：类中成员变量的声明和方法的实现要存放在一个类中，全部代码必须放在类的大括号内。

（2）类的成员变量和方法

类的成员变量用于描述类的属性，成员变量多数以名词的形式出现，如姓名、年龄、性别等。类的成员变量一般是简单数据类型，也可以是对象、数组等复杂数据类型。类的成员变量的声明格式如下：

```
[修饰符] 数据类型 成员变量名  [ =初值] ;
```

例如：

```
public String name = "jack";
int  age =10;
```

成员变量的修饰符包括 public、private 、protected、static 和 final。修饰符用于确定成员变量的被访问范围以及创建过程。例如，public 表示该成员变量可以被自己和其他类访问；而 static 表示为静态变量，创建过程不需要实例化对象。

类的方法又称成员方法，用于描述动作、行为和功能，因此，方法大多以动态形式出现，如学习、跑、启动等。方法包括名称、返回值、参数三个要素，以及方法修饰符和一段用于完成某项动作或功能的方法体。

3. 创建对象

（1）创建对象格式

类定义完成之后无法直接使用，必须依靠对象，对象的产生格式有以下两种：

1）声明并实例化对象，语法如下：

```
类名称 对象名称 =new 类名 ([参数1,参数2…]) ;
```

例如，定义一个学生类 Student ，声明学生类中的对象：

```
Student 李明 = new Student(); //声明学生类的一个对象李明
```

2）先声明对象，再实例化对象，语法如下：

```
类名称 对象名称 =null ;
对象名称 =new 类名称 () ;
```

例如，定义一个学生类 Student ，声明学生类中的对象：

```
Student 李明; //声明学生类的一个对象李明
李明 = new Student();//用 new 关键字实例化 Student 类的对象并赋值给李明
```

注意：引用数据类型与基本数据类型最大的不同在于引用数据类型需要内存的分配和使用。所以关键字 new 的主要功能就是分配内存空间，也就是说，只要使用引用数据类型，就要使用关键字 new 来分配内存空间。

（2）对象的使用

创建类的对象是为了能够使用类中已经定义好的成员变量和成员方法。对象通过使用运算符“.”可以访问类的成员变量和方法。

当一个实例化对象产生之后，可以按照以下的方式进行类的操作：

对象. 属性：表示调用类中的属性；

对象. 方法()：表示调用类中的方法。

【例 6-2】 使用对象操作类，实现自我介绍功能。

```
class Person {
    String name ;
    int age ;
    public void get() {
        System.out.println("姓名:" + name +",年龄:" + age);
    }
}
public class TestDemo {
        public static void main(String args[]) {
            Person per =new Person() ;//声明并实例化对象
            per.name ="张三" ;//操作属性内容
            per.age =30 ;//操作属性内容
            per.get() ;//调用类中的 get()方法
        }
}
```

运行结果：

姓名：张三，年龄：30

扫码看视频

4. 类的方法

（1）定义类的方法

类中的方法又称为成员方法或成员函数，用于描述类所具有的功能和操作，是一段完成某种功能或操作的代码。方法定义的格式如下：

```
[访问修饰符] <修饰符> 返回值类型 方法名称([参数列表]){
    方法体;
}
```

1）返回值类型：表示方法返回值的类型。如果方法不返回任何值，则必须声明为 void（空）；否则，必须使用 return 语句。方法返回值类型必须与 return 语句后面的表达式数据类型一致。例如，方法中含有语句 return“欢迎光临”，那么方法的返回值类型必须为 String 类型。

2）方法名称：可以是任何 Java 合法标识符，通常要求方法名字要有意义，且首字母小写。例如，定义一个求和方法，方法名可以为 getSum（ ）。

3）参数列表：参数用于方法接收调用者信息，多个参数用逗号分开，每个参数都要包含数据类型和参数名。方法中的参数一般称为形式参数（形参），而由调用者传入的参数称为实际参数（实参）。

【例 6-3】 使用方法实现加法功能，将输入的两个整数相加并将结果返回。

```
public int addCompute(int num1,int num2){
//声明方法,返回值为 int 型
        Return num1 +num2; //return 后面的表达式结果是 int 型
}
```

（2）使用类的方法

定义类的方法目的是供对象调用，以实现其功能。方法使用的一般前提是创建对象，再使用“.”操作符实现调用，方法中的局部变量被分配内存空间，方法执行完毕，局部变量立即释放内存。使用方法的语法如下：

```
[数据类型 接收变量名 =] 对象名.方法名([实参1,实参2,…]);
```

【例 6-4】 调用无参方法，实现两个数的加、减、乘、除的四则运算。

```
public class Calculator {
    int num1; //运算数1
    int num2; //运算数2

    /* *
     * 加法
     * @ return num1 +num2
     * /
    public int getSum(){
      return (num1 + num2);
    }
    /* *
     * 减法
     * @ return num1 -num2
     * /
    public int getMinus(){
      return (num1 - num2);
    }
```

```
/* *
 * 乘法
 * @ return num1 * num2
 * /
public int getMul(){
  return (num1  * num2);
}
/* *
 * 除法
 * @ return num1 /num2
 * /
public int getDiv(){
  return (num1 /num2);
}
public static void main(String[]args) {
  Calculator calc  = new Calculator();
    calc.num1  = 10;
    calc.num2  = 14;
    System.out.println(calc.getSum());
  }
```

注意：

1）如果方法具有返回值，方法中必须使用关键字 return 返回该值，类型为该返回值的类型。

语法：return 表达式。

作用：跳出方法、返回结果。

2）如果方法没有返回值，则返回值类型为 void。

【任务实施】

● 需求说明

1）定义管理员类和对象；

2）定义无参方法，实现登录功能。

● 训练要点

1）类的定义；

2）方法的定义；

3）对象的声明；

4）方法的调用。

● 实现思路

1）定义类；

2）声明属性和方法；

3）声明对象；

4）调用类中的方法。

视频内容	管理员的登录功能	

【任务拓展】

人机猜拳游戏开发

- 需求说明

用户从键盘输入数字来选择挑战对象，此对象随机出拳，参与者选择出拳方式，胜出者积分加 1。

- 训练要点

1）面向对象的基本特征；

2）类和对象的创建；

3）无参方法的应用。

- 实现思路

1）定义 Computer 类，实现自动出拳方式；

2）定义 User 类，选择出拳方式；

3）定义 Game 类，实现游戏胜负判断并累积积分；

4）定义测试类，开始游戏。

实现效果如图 6－1 所示。

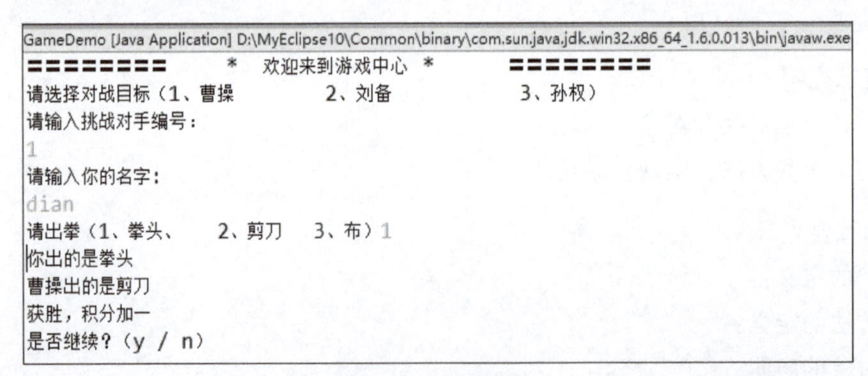

图 6－1　实现效果

视频内容	人机猜拳游戏	

任务2　会员信息管理模块功能实现

【任务目标】

通过任务实现，完成以下学习目标：

- 类的定义
- 对象的声明
- 带参方法的定义
- 方法的调用
- 方法的重载

【任务描述】

- 会员添加功能
- 会员信息修改功能
- 会员信息查询功能
- 会员信息删除功能

任务2实现效果如图6-2所示。

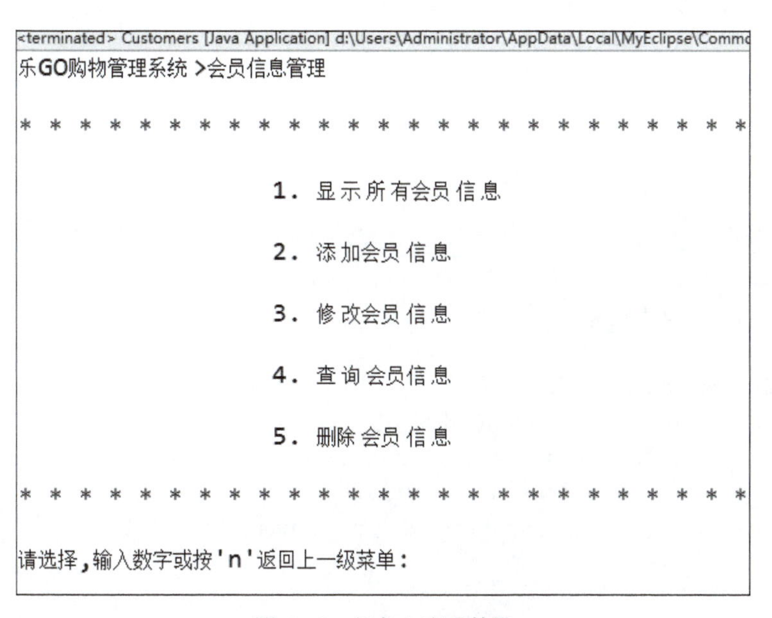

图6-2　任务2实现效果

【知识准备】

1. 带参方法

扫码看视频

(1) 定义带参数的方法

```
<访问修饰符>  返回类型  <方法名>(<形式参数列表>){
//方法的主体
}
```

访问修饰符：该方法允许被访问调用的权限范围；
返回类型：方法返回值的类型；
形式参数列表：传送给方法的形参列表。

(2) 调用带参数的方法

对象名．方法名(参数1，参数2，…，参数n) (实参列表)

扫码看视频

【例6-5】 定义带参方法实现学生信息添加功能，并显示学生信息。

```
public class StudentsBiz {
        String[] names = new String[30];   //学员姓名数组
        /**
         * 示例1:增加学生姓名
         * @ param name 要增加的姓名
         */
        public void addName(String name){
                for(int i =0;i<names.length;i++){
                        if(names[i]==null){
                                names[i]=name;
                                break;
                        }
                }
}
/**
 * 显示本班的学生姓名
 */
public void showNames(){
        System.out.println("本班学生列表:");
        for(int i =0;i<names.length;i++){
                if(names[i]!=null){
                        System.out.print(names[i]+"\t");
                }
        }
                        System.out.println();
        }
//方法的调用
```

```
public class TestSearch {
        /* *
        * 调用带参数的方法
        * /
        public static void main(String[] args) {
                StudentsBiz st = new StudentsBiz();
                Scanner input = new Scanner(System.in);
                for(int i = 0;i < 5;i + +){
                        System.out.print("请输入学生姓名:");
                        String newName = input.next();
                        st.addName(newName);
                }
                st.showNames();
}
```

2. 方法的重载

重载（Overload）是在一个类里的方法名字相同，但是参数不同。参数的不同主要为参数的个数、类型、顺序的不同。返回类型可以相同也可以不同。每个重载的方法都必须有一个独一无二的参数类型列表。当一个重载方法被调用时，Java 根据参数的类型和（或）数量确定实际调用的重载方法。

参数不同是区分重载方法的关键。参数不同主要表现在以下几个方面：

1）参数类型不同，例如：

```
public void method(int s);
public void method(String sa);
```

2）参数个数不同，例如：

```
public void method(int s,String a);
public void method(String s);
```

3）参数顺序不同，例如：

```
public void method(int s,String a);
public void method(String a,int s);
```

重载规则：

1）被重载的方法必须改变参数列表（参数个数或类型不一样）；

2）被重载的方法可以改变返回类型；

3）被重载的方法可以改变访问修饰符；

4）被重载的方法可以声明新的或更广的检查异常；

5）方法能够在同一个类中或者在一个子类中被重载；

6）无法以返回值类型作为重载函数的区分标准。

【例 6-6】 定义带参方法，实现加法运算。

```
public class Override{

    public static int add(int a,int b){
        return a+b;
    }
    public static double add(double a,int b){
        return a+b;
    }
    public static double add(double a,double b){
        return a+b;
    }
    public static double add(int a,double b){
        return a+b;
    }
    public static double add(int a,double b,int c){
        return a+b+c;
    }
    public static void main(String args[]){
        System.out.println("结果为:"+add(3,5));
        System.out.println("结果为:"+add(3.5,5));
        System.out.println("结果为:"+add(3.5,5.1));
        System.out.println("结果为:"+add(3,5.2));
        System.out.println("结果为:"+add(3,5.1,3));
}
```

重载功能启示我们在遇到事情时要全面思考，允许事物的多形态存在。例如，支付方式，可以选择微信、支付宝、刷卡及现金等。我们要允许事物存在各自的差异和不同，但要发扬各自的优点，做成特点和亮点。这样才能成为社会需要的人才。

【任务实施】

- 需求说明

定义方法实现添加、查询、修改及显示会员信息功能。

- 训练要点

1）类的定义；

2）方法的定义；

3）对象的声明；

4）方法的调用。

- 实现思路

1）定义类；

2）定义方法；

3）声明对象；

4）调用对象。

视频内容	会员信息管理模块功能实现	

【任务拓展】

商品信息管理模块功能实现

- 需求说明

实现购物系统的商品管理模块功能，可以查询所有商品信息及按条件查询商品，添加商品功能和修改商品信息功能。

- 训练要点

1）面向对象基本特征；

2）类和对象的创建；

3）方法的应用。

- 实现思路

1）定义 GoodsManagement 类，实现商品信息管理；

2）定义 show 方法，显示所有的商品信息；

3）定义 add 方法，实现商品信息的添加；

4）定义 modify 方法，更改商品信息；

5）定义 Search 方法，查询商品信息。

实现效果如图 6-3 所示。

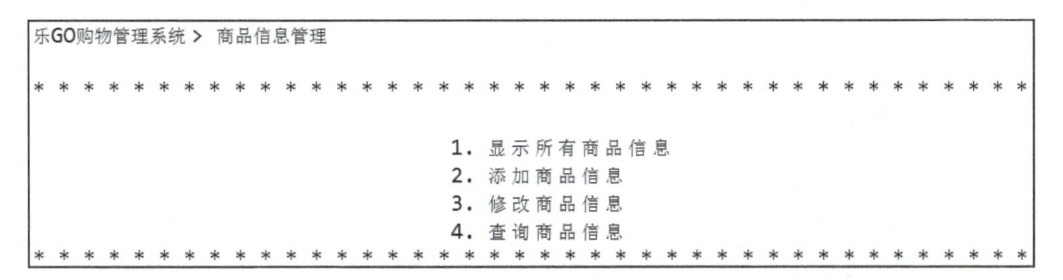

图 6-3　实现效果

视频内容	购物系统商品管理模块功能实现	

实现代码如下：

```
public class GoodsManagement {
    /* 商品信息 */
    public Goods goods[] = new Goods[50];
    /* 顾客信息 */
    public Customer customers[] = new Customer[100];
    /* 商品添加位置 */
    private int index = 7;
    /**
     * 传递数据库
     */
    public void setData(Goods[] goods, Customer[] customers) {
    //如果不使用 this,改变形参名即可
    this.goods = goods;
    this.customers = customers;
}
/**
 * 返回上一级菜单
 */
public void returnLastMenu() {
    System.out.print("\n\n 请按'n'返回上一级菜单:");
    Scanner input = new Scanner(System.in);
    boolean con = true;
    do {
        if (input.next().equals("n")) {
            Menu menu = new Menu();
            menu.setData(goods, customers);
            menu.showGoodsMMenu();
        }
        else {
            System.out.print("输入错误,请重新按'n'返回上一级菜单:");
            con = false;
        }
    } while (! con);
}
/**
 * 循环增加商品
 */
public void add() {
    System.out.println("乐 Go 购物管理系统 > 商品信息管理 > 添加商品信息\n\n");
    String con  = "n";
    //确定插入商品位置
    do { //循环录入商品信息
        Scanner input = new Scanner(System.in);
        System.out.print("请输入商品名称:");
        String goodsName = input.next();
        System.out.print("请输入商品价格:");
        double goodsPrice = input.nextDouble();
        //添加商品
```

```
            goods[index].goodsName = goodsName;
            goods[index].goodsPrice = goodsPrice;
            index + +;
            if(index > = goods.length) {
                System.out.println("仓库已满,不能再添加商品了");
                returnLastMenu();
            }
            System.out.println("新商品添加成功!");
            System.out.println("继续添加商品吗? (y/n)");
            con = input.next();
        } while ("y".equals(con) ||"Y".equals(con));
        returnLastMenu();
    }

    /* *
    * 更改商品信息
    * /
    public void modify() {
    System.out.println("乐 Go 购物管理系统 > 商品信息管理 > 修改商品信息\n\n");
    int index = 0;
    System.out.print("请输入商品名称:");
    Scanner input = new Scanner(System.in);
    String goodsName = input.next();
    System.out.println("  商品名称            价格              ");
    System.out.println(" ------------|------------|---------------");
    for (int i = 0; i < goods.length; i + +) {
        if (goods[i].goodsName.equals(goodsName)) {
          System.out.println(goods[i].goodsName + "\t\t" + goods[i].goodsPrice + "\t\t");
          index = i;
          break;
        }
    }

    if (index ! = -1) {
          while (true) {
              System.out.println(" ***********************************\n");
              System.out.println(" \t\t\t\t1.修 改 商 品 名 称.\n");
              System.out.println(" \t\t\t\t2.修 改 商 品 价 格.\n");
              System.out.println(" ***********************************\n");
              System.out.print("请选择,输入数字:");
              switch (input.nextInt()) {
              case1:
              System.out.print("请输入修改后的名称:");
              goods[index].goodsName = input.next();
              System.out.println("商品名称已更改!");
              break;
          case 2:
              System.out.print("请输入修改后的商品价格:");
              goods[index].goodsPrice = input.nextDouble();
              System.out.println("商品价格已更改!");
```

```
                break;
            }

            System.out.println("是否修改其他属性(y/n):");
            String flag = input.next();
            if ("n".equalsIgnoreCase(flag))
                break;
        }
    }
    else {
            System.out.println("抱歉,没有你查询的商品。");
    }

    //返回上一级菜单
    returnLastMenu();
}

/**
 * 查询商品的信息
 */
public void search() {
    System.out.println("乐 Go 购物管理系统 > 商品信息管理 > 查询商品信息\n");
    String con = "y";
    Scanner input = new Scanner(System.in);
    while (con.equals("y")) {
        System.out.print("请输入商品名称:");
        String goodsName = input.next();
        System.out.println(" 商品名称          价格          ");
        System.out.println("------------|------------|---------------");
        boolean isAvailable = false;
        for (int i = 0; i < goods.length; i++) {
            if (goods[i].goodsName.equals(goodsName)) {
              System.out.println(goods[i].goodsName + "\t\t" + goods[i].
goodsPrice + "\t\t");
              isAvailable = true;
              break;
            }
        }
    if (! isAvailable) {
        System.out.println("抱歉,没有你查询的商品信息。");
    }
    System.out.print("\n要继续查询吗(y/n):");
    con = input.next();
}
//返回上一级菜单
returnLastMenu();
}

/**
```

```
 * 显示所有的商品信息
 */
public void show() {
    System.out.println("乐Go购物管理系统 > 商品信息管理 > 显示商品信息\n\n");
    System.out.println("   商品名称              价格              ");
    System.out.println(" ------------|------------|--------------");

    for (int i =0; i <goods.length; i + +) {
        if(goods[i].goodsName! =null) {
            System.out.println(goods[i].goodsName + "\t\t"
                    + goods[i].goodsPrice + "\t\t");
        }
    }
    //返回上一级菜单
    returnLastMenu();
}
```

项目实训

【实训目标】

- 掌握面向对象编程特征
- 掌握类和对象的创建方法
- 方法的定义及使用

【实训内容】

模拟实现银行ATM自动存取款系统功能。实现功能：1）登录界面；2）3次登录机会，登录成功进入登录菜单；3）进入菜单进行选择：1、查询账户余额，2、存款，3、取款，4、转账，5、退出系统等功能，按0返回上一级菜单操作。实现效果如图6-4所示。

```
************ 银行ATM自动存取款系统 ************

1、登录      2、退出
1
请输入你的账号:
user1
请输入你的密码:
123456
登录成功
************ 银行ATM自动存取款系统 ************
1、查询账户余额            2、存款
3、取款                    4、转账
5、退出系统                0、返回上一级菜单
请选择您需要的服务:
1
************ 银行ATM自动存取款系统 ************
您的账户余额是: 1000.0元/人民币
返回请选择0
```

图6-4　实现效果

实现思路：

1）定义银行类 Bank，实现查询、取款、转账、退卡等功能；

2）定义用户类 User，实现用户登录功能；

3）定义测试类，实现 ATM 操作功能。

视频内容	银行 ATM 存取款系统	

项目小结

本项目主要讲解面向对象的基本特征、类和对象的概念及定义方法、无参方法和有参方法的定义及使用、重载方法的应用等，通过案例和项目的学习，让学生掌握基础知识，并能解决生活实际问题，培养了学生的动手能力和创新能力，并培养学生独立开发小型项目的能力。

项目测试

1. 作为 Java 应用程序入口的 main 方法，其声明格式可以是（　　）。

   A. public static void main（String [ ] args）

   B. public static int main（String [ ] args）

   C. public void main（String [ ] args）

   D. public int main（String [ ] args）

2. 下面关于方法的说法，错误的是（　　）。

   A. Java 中的方法参数传递是传值调用，不是地址调用

   B. 方法体是对方法的实现，包括变量声明和 Java 的合法语句

   C. 如果程序定义了一个或多个构造方法，在创建对象时也可以用系统自动生成空的构造方法

   D. 类的私有方法不能被其子类直接访问

3. 在 Java 中，下列关于方法重载的说法中错误的是（　　）。

   A. 方法重载要求方法名称必须相同

   B. 重载方法的参数列表必须不一致

   C. 重载方法的返回类型必须一致

   D. 一个方法在所属的类中只能被重载一次

4. 在Java中，一个类可同时定义许多同名的方法，这些方法的形式参数个数、类型或顺序各不相同，传回的值也可以不相同。这种面向对象程序的特性称为（　　）。

A. 隐藏　　B. 覆盖　　C. 重载　　D. Java不支持此特性

5. 有以下方法的定义，该方法的返回类型为（　　）。

```
ReturnType method(byte x, double y) {
    return (short)x/y*2;
    }
```

A. byte　　B. short　　C. int　　D. double

6. 下面（　　）是public void aMethod（）{...}的重载函数。

A. void aMethod( ) {...}

B. public int aMethod() {...}

C. public void aMethod( ) {...}

D. public int aMethod(int m) {...}

7. 下列方法头中，（　　）不与其他方法形成重载（Overload）关系。

A. void mmm()　　B. void mmm（int i）

C. void mmm（String s）　　D. int mm()

8. 在Java中用（　　）关键字修饰的方法可以直接通过类名来调用。

A. static　　B. final　　C. private　　D. void

9. 为AB类的一个无形式参数无返回值的方法method书写方法头，且使用类名AB作为前缀就可以调用它，该方法头的形式为（　　）。

A. static void method( )

B. public void method（ ）

C. final void method( )

D. abstract void method（ ）

10. 当输入为2时，以下代码的返回值是（　　）。

```
public int getValue(int i) {
    int result = 0;
    switch (i) {
    case 1:
        result = result + i;
    case 2:
        result = result + i * 2;
    case 3:
        result = result + i * 3;
    }
    return result;
    }
```

A. 0　　B. 2　　C. 4　　D. 10

实践作业

任务：实现 CALL 立达外卖点餐系统。用户登录成功后进入点餐系统，实现点餐及结算功能。

界面展示如图 6－5 和图 6－6 所示。

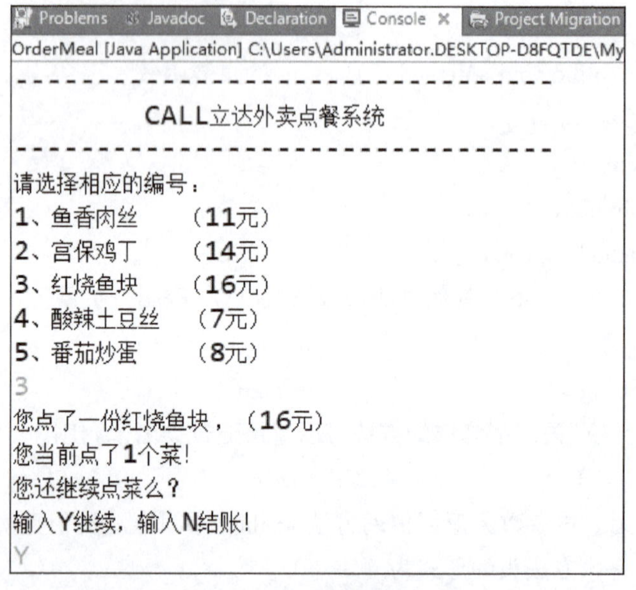

图 6－5　界面展示 1

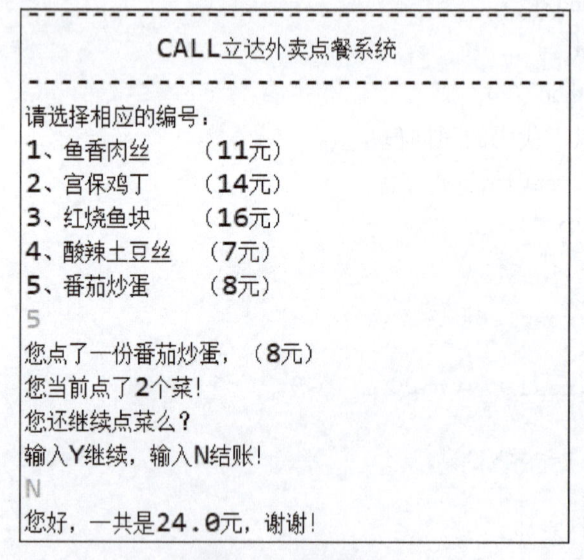

图 6－6　界面展示 2

项目评价

1. 自主学习任务单

根据完成情况填写自主学习任务单。

学习目标设计：
任务（问题）设计：
自主探究学习过程：
学习评价：
学习成果：

2. 验收标准

验收标准包括6个方面：①准备答辩PPT，PPT的内容（项目背景、项目功能及团队分工情况）；②项目答辩与演示；③团队协作；④代码规范；⑤创新能力；⑥分析解决问题的能力。具体评分表如下：

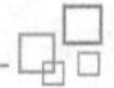

评委：　　　　　　　　　　　　　　　　答辩人：

评分内容	评分标准	分数
答辩演讲（40 分）	演讲内容：紧扣主题，结构严谨，观点鲜明，用词精练，详略得当（10 分）	
	语言表达：语言规范，口齿清晰，表达准确、流畅、自然（5 分）	
	非语言表现：精神饱满，动作得体，表现恰当（5 分）	
	礼节：上下场致意、答谢（5 分）	
	代码规范（5 分）	
	文档能力（5 分）	
	团队协作能力（5 分）	
小计		

评分内容	评分项目	优（18 ~ 20 分）	中（10 ~ 17.9 分）	差（0 ~ 9.9 分）	分数
固定问答（60 分）	工作思路与思想（20 分）	工作思路清晰，有切合实际的工作设想，并富有开拓意识，方案可行	工作思路基本清晰，工作设想有一定新意，方案基本可行	工作思路不够清晰，工作设想没有新意，方案设计不当	
	业务知识水平（20 分）	熟悉岗位工作的性质、特点，具备开展工作的知识和技能	基本熟悉岗位工作的性质、特点，具备一定的开展工作的知识和技能	对岗位工作性质、特点不够了解，业务知识和技能欠缺	
	分析解决问题的能力（20 分）	分析问题有一定的广度和深度，见解令人信服，解决问题的方法得当	对问题有一定的程度的分析，解决问题的方法基本可行	分析混乱，不能提出有效的解决办法	
小计					
总分					

项目 7 综合项目应用——校园茶社点餐系统开发

项目描述

扫码看视频

茶文化是我们的国粹，茶文化底蕴深厚，集历史、文化、美学、技艺、礼仪于一体，我们应该把这些文化发扬光大。2015 年开始，各大高校着力推动大学生创新创业计划，很多高校建立了创新创业实践基地，校园茶社可以为学生缓解压力、放松心情，给学子提供一个温馨的港湾。因此校园茶社成为学子们的创业之选。创业对年轻人来说是不容易的，需要具备吃苦精神、务实求实精神，要积极思考、苦干实干，这样才能更接近成功创业之门。

创业过程中要多接触企业文化，培养自己的管理能力和工匠精神，以高标准要求自己，培养自己的创新创业能力；尊崇“踏实、拼搏、责任”的企业精神，以诚信、共赢开创经营理念，创造良好的环境；以全新的管理模式、完善的技术、周到的服务、卓越的品质为生存根本。

茶社的文化特色是健康关怀、人文关怀和休闲雅致。主要的服务特色是会员制的跟踪服务，主要的环境特色是具有传统文化气息的品茶环境。点餐系统的出现，能够让喜欢绿色鲜茶的消费者们以更加快捷方便的方式品尝到可口优质的产品，也能够使得工作人员的效率大幅度提升。会员在使用系统点餐时能够给积攒更多积分，累计到一定的积分时便可在积分区兑换精美的奖品。

项目要求

个人素质要求

- 拥护中国共产党领导，具有正确的世界观、人生观和价值观，理解和践行社会主义核心价值观。
- 具备运用马克思主义哲学的基本观点、方法分析和解决人生发展重要问题的能力，有为国家富强、民族昌盛而奋斗的志向和责任感。
- 具有正确的职业理想和职业观、择业观、创业观以及成才观；具有良好职业道德行为习惯和法律意识。

- 具有良好的团队协作精神、与人沟通的能力和良好的环境适应能力。
- 做人善良、真诚，具有民族自尊心、自信心和自豪感。

专业素质要求

- 具有阅读一般性英文技术资料和简单的口语交流能力；
- 具有计算机硬件组装和基本故障排除能力；
- 具有计算机系统和其他应用软件安装和基本故障排除能力；
- 具有专业开发工具的安装、配置和使用能力；
- 具有使用 Java 语言进行项目的设计和开发的能力；
- 具有基本的软件测试、软件实施原理和基本操作能力；
- 具有项目设计、文档编程能力；
- 具有 VSS 等版本管理器进行团队合作开发的能力。

项目功能实现要求

- 登录与注册实现；
- 会员管理；
- 商品管理；
- 购买商品。

任务 1　校园茶社点餐系统的登录与注册

【任务目标】

通过任务实现，完成以下学习目标：

- 掌握 Java 控制台应用程序项目工程文件的创建
- 掌握 Java 中的输入输出语句
- 掌握分支结构循环结构
- 掌握数组的使用

扫码看视频

【任务描述】

- 搭建登录与注册管理主菜单
- 用户登录功能
- 用户注册功能
- 用户安全退出功能
- 任务实现效果如图 7－1～图 7－4 所示

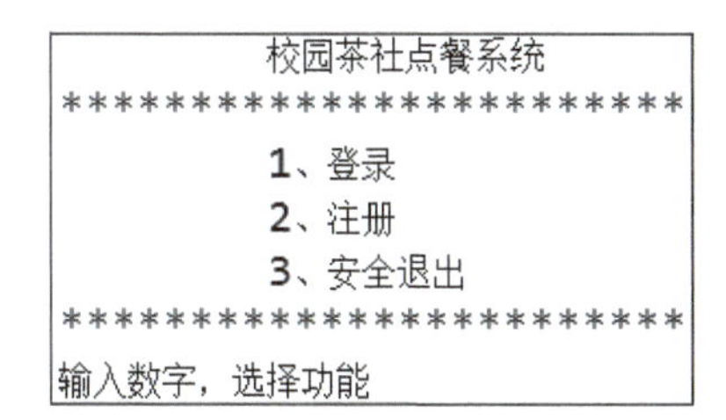

图 7-1　用户登录与注册管理主菜单

```
************************
输入数字，选择功能
2
请输入用户名：jidian
请输入用户密码：jidian
注册成功！
```

图 7-2　用户注册功能

```
************************
输入数字，选择功能
1
请输入用户名：admin
请输入用户密码：123
admin
登录成功！
```

图 7-3　用户登录功能

```
************************
输入数字，选择功能
3
关闭程序，退出
```

图 7-4　用户退出功能

【任务实施】

1. 搭建用户管理主菜单

在应用程序的主方法 main 中使用 System. out. println（）；输出语句，将功能菜单显示在 Java 控制台。

【例 7-1】用户功能主菜单功能

实现代码如下：

```
//用户主菜单页面
public static void userMenu(){
    System.out.println("\t 校园茶社点餐系统");
    System.out.println("*******************************");
    System.out.println("\t1、登录");
    System.out.println("\t2、注册");
    System.out.println("\t3、安全退出");
    //用户主菜单选择功能的方法
    userOptions();
}
```

2. 功能菜单选择

使用 Scanner 对象提供用户输入，并用 switch 分支结构语句判断，如果用户输入 1 表示使用登录功能；2 表示注册功能；3 表示退出系统。

【例 7-2】用户选择功能选项

实现代码如下：

```
//用户菜单选项
public static void userOptions() {
    System.out.println("**********************************");
    System.out.print("输入数字,选择功能");
    int id = scan.nextInt();
    switch (id) {
    case 1:
         login();
        //登录
        break;
    case 2:
        //注册
         register();
        break;
    case 3:
        System.out.println("关闭程序,退出");
        System.exit(0);//正常退出
        break;
    default:
        break;
    }
}
```

3. 用户登录功能

实现用户登录功能，定义5个一维数组，分别存储用户的用户编号、用户名、密码、余额、积分，在 initUser () 方法中初始化一个用户 admin 用于测试登录功能。在 login () 方法中对用户输入的 userName 用户名和 userPwd 密码通过循环的方式与 user 数组中的数据进行比对，如果存在则登录成功，如果不存在则登录失败。

【例 7-3】用户登录功能实现

实现代码如下：

// 定义5个一维数组，分别存储用户编号、用户名、密码、余额以及积分

```
static int[] uid =new int [100];//存储编号
static String[] uname =new String[100];//存储用户名
static String[]upsw =new String[100];//用户密码
static double[] umoney =new double [100];//用户余额
static double[]uscore =new double [100];//用户积分
//初始化用户数据
public static void initUser(){
    uid[0] =1;
    uname[0] = "admin";
    upsw[0] = "123";
```

```
        umoney[0] =1000;
        uscore[0] =0;
    }
    //登录功能
    public static void login(){
        System.out.print("请输入用户名:");
        String username = scan.next();
        System.out.print("请输入用户密码:");
        String userpwd = scan.next();
        System.out.println(username);
        //循环进行判断
        for (int i =0;i < uname.length;i + +){
            //如果用户名不为空,则进入如下判断
            if (uname[i]!  =null ){
                //比较用户名是否一致
                if (uname[i].equals(username)){
                    //比较密码是否一致
                    if (upsw[i].equals(userpwd)){
                        loginName = username;
                        System.out.println("登录成功!");
                        systemMenu();
                    }else {
                        System.out.println("密码错误,请重新输入!");
                        Login();
                    }
                }else {
                    System.out.println("用户名不存在,请重新输入!");
                        login();
                }
            }else {
                    continue ;//用户名为空,则跳过本次循环,继续判断
            }
    }
    }
```

4. 用户注册功能

用户注册是将用户注册的数据一一添加到数组中进行保存，需要判断用户注册的用户名是否与登录的用户名相同，可通过循环 uname 数组中的每一个元素进行判断，如果不相同则将数据添加进去，完成注册功能。

【例 7 - 4】 用户注册功能实现

实现代码如下：

```
    //注册功能
```

```
public static void register() {
    System.out.print("请输入用户名:");
    String username = scan.next();
    System.out.print("请输入用户密码:");
    String userpwd = scan.next();
    //用户名是否存在
    for (int i =0; i < uid.length; i + +) {
            if (uname[i].equals(username)) {
                System.out.println("用户名已存在,该用户已被注册");
                register();
            }else {
                uid[i] =i +1;//编号
                uname[i] =username;//用户名
                upsw[i] =userpwd;//密码
                umoney[i] =1000;//余额
                uscore[i] =0;//积分
                System.out.println("注册成功!");
                userMenu();
                break ;
            }
    }
}
```

5. 用户安全退出功能

为保证系统安全和账户的安全，用户可以使用 Java 中的 System. exit（0）退出控制台程序。

总 结

在登录与注册功能完成的过程中，需要熟练使用一维数组，通过循环查找数组中为 null 的位置，将新的用户添加进去。登录功能中使用 for 循环遍历，通过字符串比较的方式验证用户信息。

在企业项目开发中，用户管理是必备的功能，它涉及系统的安全性，可防止软件、系统被恶意破坏，造成数据丢失，财产损失等情况。因此在项目开发中一定要思维严谨，注重开发的实用性。

任务 2　校园茶社点餐系统的会员管理

【任务目标】

通过任务实现，完成以下学习目标：

扫码看视频

- 掌握 Java 中如何创建方法并规范命名
- 掌握并了解 switch case 结构
- 掌握类似功能要求的思路，并成功写出代码
- 掌握代码书写流程

【任务描述】

- 搭建系统主菜单
- 搭建会员管理菜单
- 查询会员信息
- 余额充值
- 修改密码
- 任务实现效果如图 7 – 5 ~ 图 7 – 9 所示

```
            校园茶社点餐系统
********************************
            1、会员管理
            2、商品管理
            3、点餐系统
            4、退出系统
            5、返回上一级菜单
请输入数字，选择功能：
```

图 7 – 5　系统主菜单

```
********************************
            1、查看会员信息
            2、余额充值
            3、修改密码
            4、返回上一级菜单
请输入数字，选择功能：
```

图 7 – 6　会员管理菜单

```
会员详细信息
**********************************
编号      姓名      密码      余额      积分
1         admin     123       1000.0    0.0
输入回车,回到会员管理主菜单
```

图 7－7　会员信息显示

```
***************************
请输入要充值的金额：100
充值成功
输入回车，回到主菜单
```

图 7－8　充值功能

```
************************
请输入旧密码：123
请输入新密码：234
密码修改成功
输入回车，回到上一级菜单
```

图 7－9　修改密码

【任务实施】

1. 搭建系统主菜单

主要罗列校园茶社点餐系统的功能菜单，使用 swith 分支结构实现用户的功能菜单选择。

【例 7－5】系统主菜单

实现代码如下：

```java
//系统主菜单
public static void systemMenu() {
    System.out.println("\t 校园茶社点餐系统");
    System.out.println("***************************");
    System.out.println("\t1、会员管理");
    System.out.println("\t2、商品管理");
    System.out.println("\t3、点餐系统");
    System.out.println("\t4、退出系统");
    System.out.println("\t5、返回上一级菜单");
    systemOptions();
}
//系统主菜单选项
public static void systemOptions() {
    System.out.print("请输入数字,选择功能:");
    int vipid = scan.nextInt();
```

```
    switch (vipid) {
    case 1:
        //会员管理
        Member();
        break;
    case 2:
        //商品管理
        good();
        break;
    case 3:
        //点餐系统
        shopping();
        break;
    case 4:
        //退出系统
        System.out.println("系统关闭,欢迎下次光临");
        System.exit(0);
        break;
    case 5:
        userMenu();
        break;
    default
        System.out.println("输入有误,即将跳回用户主菜单");
        userMenu();
        break;
    }
}
```

2. 搭建会员管理主菜单

主要罗列校园茶社点餐系统的会员查询、会员修改、充值功能菜单，使用 swith 分支结构实现用户的功能菜单选择。

【例 7-6】 会员管理主菜单

实现代码如下：

```
//会员管理主菜单
public static void  member() {
    System.out.println("\t 校园茶社点餐系统");
    System.out.println("******************************");
    System.out.println("\t1、查看会员信息");
    System.out.println("\t2、余额充值");
    System.out.println("\t3、修改密码");
    System.out.println("\t4、返回上一级菜单");
    memberOptions();
}
```

```
//会员管理选项
public static void membeOptions() {
    System.out.print("请输入数字,选择功能:");
    int memberId = scan.nextInt();
    switch (memberId) {
    case 1:
        //查看会员信息
        memberInfo();
        break;
    case 2:
        //余额充值
        insertMoney();
        break;
    case 3:
        //修改密码
        updatePwd();
        break;
    case 4:
        System.out.println("输入回车,回到上一级主菜单");
        scan.nextLine();
        systemMenu();
        break;
    default:
        break;
    }
}
```

3. 查看会员信息

用户只能看到自己的会员信息。创建一个全局变量 loginName，当用户登录成功后，将用户的用户名存储在 loginName 变量中。创建 memberInfo（）方法，通过循环比较 uname 数组中所有的元素，查找到与 longinName 的值相同的用户，将用户信息输出显示。

【例 7-7】查询会员信息功能实现

实现代码如下：

```
//查看会员信息
public static void  memberInfo() {
    System.out.println("会员详细信息");
    System.out.println("********************************");
    System.out.println("编号 \t 姓名 \t 密码 \t 余额 \t 积分");
    for (int i = 0; i < uname.length; i++) {
        if (uname[i].equals(loginName)) {
            System.out.print(uid[i]);
            System.out.print("\t" + uname[i]);
```

```
                System.out.print("\t" + upsw[i]);
                System.out.print("\t" + umoney[i]);
                System.out.println("\t" + uscore[i]);
                break;
            }else {
              continue;
            }
    }
            System.out.println("输入回车,回到主菜单");
            scan.nextLine();
            member();
        }
```

4. 充值功能

通过 loginNamne 变量的用户信息查找 uname 数组的元素，定义变量 money 存储用户输入的充值金额，用 umoney 数组中的用户金额加上用户充值的金额，保存到 umoney 数组中完成余额充值功能。

【例7-8】余额充值功能

实现代码如下：

```
//余额充值
public static void insertMoney() {
    System.out.println("******************************");
    System.out.print("请输入要充值的金额:");
    double money = scan.nextDouble();
    for (int i =0; i < uname.length; i + +) {
        if (uname[i].equals(loginName)) {
            money + = umoney[i];
            umoney[i] = money;
            System.out.println("充值成功");
        }
        break;
    }
    System.out.println("输入回车,回到主菜单");
    scan.nextLine();
    member();
}
```

5. 修改密码

实现过程同充值功能。

【例7-9】修改密码功能

实现代码如下：

```
//修改密码
public static void updatePwd() {
    System.out.println("* * * * * * * * * * * * * * * * * * * * * * * * * * * * * *");
    System.out.print("请输入旧密码:");
    String pwd = scan.next();
    for (int i =0; i < uname.length; i + +) {
        if (uname[i].equals(loginName)) {
            if (upsw[i].equals(pwd)) {
            System.out.print("请输入新密码:");
            String pwds = scan.next();
            upsw[i] =pwds;
            System.out.println("密码修改成功");
            System.out.println("输入回车,到上一级菜单");
            scan.nextLine();
             member();
        }else {
            System.out.println("旧密码错误请重新输入");
            updatePwd();
        }
    }else {
        continue ;
    }
  }
}
```

总结

在会员管理功能实现过程中，需要搭建的菜单较多，方法的调用尤为重要，将每一块小的功能定义成方法可方便管理，这是编程过程中尤为重要的一步，充值与修改密码的功能实现过程中应注意将充值好的金额与修改的密码存放到数组中。

完成任务需要具备较强的责任感且要具有优秀的分析能力，企业项目编程中需要大家对业务流程非常熟悉，要有较强的团队合作意识，要相互学习、相互讨论。整个项目开发过程也是展开思维的过程，有助于培养我们的创新能力以及团队合作能力。

任务 3　校园茶社点餐系统的商品信息管理

【任务目标】

通过任务实现，完成以下学习目标：

- 掌握 Java 中的方法创建
- 掌握 switch-case 结构
- 掌握实现功能要求的思路并成功写出代码
- 掌握代码书写流程

扫码看视频

【任务描述】

- 商品信息管理菜单搭建
- 查询所有商品信息
- 添加商品信息
- 修改商品信息
- 任务实现效果如图 7－10～图 7－13 所示

```
                校园茶社点餐系统
********************************
                1、查看商品信息
                2、添加商品
                3、修改商品
                4、返回上一级菜单
请输入数字，选择功能：
```

图 7－10　商品信息菜单

```
校园茶社点餐系统
********************************
编号        商品名称    商品价格    商品积分
1           森森乌龙    18          10
输入回车，回到主菜单！
```

图 7－11　查看商品信息

```
校园茶社点餐系统
*********************************
请输入商品名称：南国加之
请输入商品价格：20
请输入商品积分：10
添加成功
输入回车，回到上一级主菜单
```

图 7－12　添加商品信息

```
校园茶社点餐系统
*********************************
请输入要修改商品编号：1
请输入商品名称：乌龙茶
请输入商品价格：10
请输入商品积分：10
修改成功
输入回车，回到上一级主菜单
```

图 7－13　修改商品信息

【任务实施】

1. 商品管理菜单搭建

搭建商品管理主菜单，列出校园茶社点餐系统的功能菜单，使用 swith 分支结构实现用户的功能菜单选择。

【例 7－10】商品信息管理菜单

实现代码如下：

```
//商品管理主菜单
    public static void  good() {
        System.out.println("\t 校园茶社点餐系统");
        System.out.println("*****************************");
        System.out.println("\t1、查看商品信息");
        System.out.println("\t2、添加商品");
        System.out.println("\t3、修改商品");
        System.out.println("\t4、返回上一级菜单");
        goodOptions();
    }
        //商品管理选项
    public static void  goodOptions() {
            System.out.print("请输入数字,选择功能:");
            int memberId = scan.nextInt();
```

```
        switch (memberId) {
        case 1:
            //查看所有商品
            selectGood();
            break;
        case 2:
            //添加新商品
            insertGood();
            break;
        case 3:
            //修改商品信息
            updateGood();
            break;
        case 4:
            System.out.println("输入回车,回到上一级主菜单");
            scan.nextLine();
            systemMenu();
            break;
        default:
            break;
        }
    }
```

2. 商品信息查询

创建 goods 二维数组，存储商品编号、名称、价格、积分信息，初始化数据，在 selectGood 方法中通过 for 循环语句输出数组的元素，完成查询功能。

【例 7 – 11】 商品信息查询

实现代码如下：

```
//存储商品信息
static String [][] goods = new String[100][4];
//初始化数据
public static void initgoods(){
    goods[0][0] = "1";
    goods[0][1] = "森森乌龙";
    goods[0][2] = "18";
    goods[0][3] = "10";
}
//商品查询
public static void selectGood() {
    System.out.println("校园茶社点餐系统");
    System.out.println("*********************************");
    System.out.println("编号\t 商品名称\t 商品价格\t 商品积分");
    for (int i =0; i < goods.length; i ++) {
```

```
        if (goods[i][0]! =null ) {
            System.out.print(goods[i][0]);
            System.out.print(" \t" +goods[i][1]);
            System.out.print(" \t" +goods[i][2]);
            System.out.print(" \t" +goods[i][3]);
            System.out.println();
        }else {
            continue ;
        }
    }
    System.out.println("输入回车,回到主菜单!");
    scan.nextLine();
    good();
}
```

3. 添加商品信息

创建变量 goodName（商品名称）、price（价格）、scoring（积分）接收用户输入的商品信息，循环 goods 数组中的所有元素，找到元素值为 null 的位置，将用户输入的信息保存到空值的位置，使用 break 语句结束循环，完成添加功能。

【例 7－12】添加商品信息

实现代码如下：

```
//添加商品信息
public static void insertGood() {
    System.out.println("校园茶社点餐系统");
    System.out.println(" ********************************");
    System.out.print("请输入商品名称:");
    String goodName =scan.next();
    System.out.print("请输入商品价格:");
    String price =scan.next();
    System.out.print("请输入商品积分:");
    String scoring =scan.next();

    for (int i =0; i <goods.length; i + +) {
        if (goods[i][0] = =null ) {
            goods[i][0] ="" +(i +1);
            goods[i][1] =goodName;
            goods[i][2] =price;
            goods[i][3] =scoring;
            break ;
        }
    }
    System.out.println("添加成功");
```

```
        System.out.println("输入回车,回到上一级主菜单");
        scan.nextLine();
        good();
    }
```

4. 修改商品信息

用户输入商品编号 id，通过遍历 goods 数组找到用户指定的商品信息，修改 goods 数组中对应位置的数据完成修改功能。

【例 7 - 13】修改商品信息

实现代码如下：

```
//修改商品信息
public static void updateGood(){
    System.out.println("校园茶社点餐系统");
    System.out.println("********************************");
    System.out.print("请输入要修改商品编号:");
    String id = scan.next();
    System.out.print("请输入商品名称:");
    String goodName = scan.next();
    System.out.print("请输入商品价格:");
    String price = scan.next();
    System.out.print("请输入商品积分:");
    String scoring = scan.next();

    for (int i =0; i <goods.length; i + +) {

        if (goods[i][0]! =null ) {

            if (goods[i][0].equals(id)) {
            goods[i][0] ="" +(i +1);
            goods[i][1] =goodName;
            goods[i][2] =price;
            goods[i][3] =scoring;
            break;
        }else {
            continue;
        }
    }else {
        continue;
    }
}
System.out.println("修改成功");
```

```
    System.out.println("输入回车,回到上一级主菜单");
    scan.nextLine();
    good();
}
```

总结

商品管理功能的实现使用了二维数组，因此要清晰地知道二维数组与一维数组的区别，在 for 循环语句循环的过程中，要熟练使用 break 和 continue 语句，以达到优化程序执行步骤的目的。

项目开发过程中需要较强的业务流程分析的能力，该模块为项目的核心功能板块，包含对选择结构、循环结构和数组等知识的综合运用。

任务 4　校园茶社点餐系统的点餐功能

【任务目标】

通过任务实现，完成以下学习目标：

扫码看视频

- 掌握扫描器的使用
- 掌握 Java 中的输入输出语句
- 掌握一维数组、二维数组的使用
- 掌握 if 判断语句和运算符的使用
- 掌握方法的调用
- 掌握数据类型的转换和 double 类型的用法

【任务描述】

- 显示点餐功能
- 任务实现效果如图 7－14 所示

```
            本店商品列表
*******************************
编号        商品名称    商品价格    商品积分
1           森森乌龙    18          10

            已购买商品列表
*******************************
编号        商品名称    商品价格    商品积分

购物车总金额为：0.0
您的用户余额为：1000.0
请输入要购买的商品编号：1
购买成功！
是否继续购买？y/n
```

图 7－14　点餐清单

【任务实施】

首先通过遍历 goods 数组将所有的商品信息显示出来，提供给用户进行点餐。定义变量 money 存储用户的余额，定义 shopId 数组将用户输入的购买商品编号保存，通过遍历将 shopId 数组与 goods 中的所有商品信息进行比较，显示用户购买的所有商品的信息，循环过程中将用户购买商品的总价格通过 sum 变量存储起来。当用户的余额不足时，提示用户无法购买商品；购买成功后将用户的余额进行修改，完成点餐功能。

【例 7-14】 点餐功能

实现代码如下：

```
//存储点餐商品的编号
static String [] shopId = new String[100];
//存储用户购物车金额
static double sum = 0;
//设置变量统计购物金额
static double k = 0;
//存储用户余额
static double money  = 0;
//购买商品信息
public static void   shopping() {
    System.out.println(" \t 本店商品列表");
    System.out.println(" *****************************");
    System.out.println("编号 \t 商品名称 \t 商品价格 \t 商品积分");

    for (int i = 0; i < goods.length; i + + ) {
        if (goods[ i][0]!  = null ) {
            System.out.print(goods[ i][0]);
            System.out.print( " \t" + goods[ i][1]);
            System.out.print( " \t" + goods[ i][2]);
            System.out.print( " \t" + goods[ i][3]);
        }else {
            continue ;
        }
    }
    System.out.println("");
    System.out.println( " \t 已购买商品列表");
    System.out.println( " ******************************");
    System.out.println("编号 \t 商品名称 \t 商品价格 \t 商品积分");

    for (int i = 0; i < shopId.length; i + + ) {
        if (shopId[ i]!  = null ) {
            for (int j = 0; j < goods.length; j + + ) {
                if (goods[ j][0]!  = null ) {
                    if (goods[ j][0].equals( shopId[ i])) {
                        System.out.print(goods[ i][0]);
                        System.out.print( " \t" + goods[ i][1]);
                        System.out.print( " \t" + goods[ i][2]);
                        System.out.print( " \t" + goods[ i][3]);
                        k = Double.parseDouble( goods[ i][2]);
                    }else {
                        continue ;
                    }
                }else {
```

```
                        continue ;
                    }
                }
                    }else {
                continue ;
        }
}
System.out.println();
sum + = k;
System.out.println("购物车总金额为:" + sum);
int userid =0;
for (int i =0; i < uname.length; i + +) {
    if (uname[i]! =null ) {
        if (uname[i].equals(loginName)) {
            userid = i;
            money = umoney[i];
        }
    }else {
        continue ;
    }
}
System.out.println("您的用户余额为:" + money);

System.out.print("请输入要购买的商品编号:");
String id = scan.next();

double goodPrice = 0;
//查询要购买商品的价格
for (int i =0; i < goods.length; i + +) {
    if (goods[i][0]! =null ) {
        if (goods[i][0].equals(id)) {
          goodPricre = Double.parseDouble(goods[i][2]);
        }
    }else {
          continue ;
        }
    }
  if (money - goodPrice >0) {
        umoney[userid] = money - goodprice;
        for (int i =0; i < shopId.length; i + +) {
            if (shopId[i] = =null ) {
                shopId[i] = id;
                break ;
            }else {
                continue ;
```

```
            }
        }
        System.out.println("购买成功!");
        System.out.println("是否继续购买? y/n");
        String str = scan.next();
        if (str.equals("y")) {
            shopping();
        }else {
            systemMenu();
        }
    }else {
            System.out.print("您的余额不足! 请挑选其他商品");
               shopping();
        }
    }
```

总结

在购物功能开发的过程中，使用了用户数据和商品数据来进行运算，因此需要熟练掌握将字符串类型的数据转换成浮点型数据，再将运算结果转换成字符串类型进行存储。

项目 8 综合项目应用——高铁购票系统开发

项目描述

我国高铁技术引领全球，高铁带动了人员流动的速度，带来了经济的高速发展，现今高铁成为了人们不可缺少的交通工具。乘坐高铁出行的人越来越多，为了给人们带来方便快捷的交通环境，高铁购票系统的开发是相当必要的。它的出现能够在很大程度上解决单一地点售票带来的种种不便，旅客们不必到车站的售票处，甚至不用出门就能够知道是否有合适自己出行的车票，给出行的旅客带来了方便，给人们节省了时间和经济上的成本。

本系统是按照软件工程思想开发的高铁购票系统，主要实现高铁车次信息管理、购票结算及退票等功能。我国正处在飞速发展阶段，大家都在为实现中国梦而努力，那么我们也应该学好专业知识，掌握专业技能，用匠人精神来接受祖国的挑选，为国家的发展做出自己的贡献。

项目要求

个人素质要求

- 拥护中国共产党领导，具有正确的世界观、人生观和价值观，理解和践行社会主义核心价值观。
- 具备运用马克思主义哲学的基本观点、方法分析和解决人生发展重要问题的能力，有为国家富强、民族昌盛而奋斗的志向和责任感。
- 具有正确的职业理想和职业观、择业观、创业观以及成才观；具有良好职业道德行为习惯和法律意识。
- 具有良好的团队协作精神、与人沟通的能力和良好的环境适应能力。
- 做人善良、真诚，具有民族自尊心、自信心和自豪感。

专业素质要求

- 具有阅读一般性英文技术资料和简单的口语交流能力；

- 具有计算机硬件组装和基本故障排除能力；
- 具有计算机系统和其他应用软件安装和基本故障排除能力；
- 具有专业开发工具的安装、配置和使用能力；
- 具有使用 Java 语言进行项目的设计和开发能力；
- 具有基本的软件测试、软件实施原理和基本操作能力；
- 具有项目设计、文档编程能力；
- 具有运用 VSS 等版本管理器进行团队合作开发的能力。

项目功能实现要求

- 用户管理；
- 高铁车次信息添加；
- 购票；
- 退票。

任务 1　高铁购票系统的用户管理功能实现

【任务目标】

通过任务实现，完成以下学习目标：

- 掌握 Java 控制台应用程序项目工程文件的创建
- 掌握 Java 中的输入输出语句
- 掌握分支结构、循环结构
- 掌握数组的使用
- 掌握方法的运用

【任务描述】

- 搭建用户管理主菜单
- 用户登录功能
- 用户注册功能
- 用户安全退出功能
- 任务实现效果如图 8－1～图 8－4 所示

```
            高铁购票系统用户主菜单
*************************
            1、用户登录
            2、用户注册
            3、用户退出
>>>>>>>>
```

图 8-1　用户管理主菜单

```
>>>>>>>>
请选择输入数字:1
请输入账号:admin
请输入密码:admin
********************************
登录成功!
```

图 8-2　用户登录功能

```
请选择输入数字:2
请输入账号:jidian
请输入密码:jidian
********************************
注册成功
```

图 8-3　用户注册功能

```
>>>>>>>>
请选择输入数字:3
《安全退出,系统关闭!》
```

图 8-4　用户退出功能

【任务实施】

1. 搭建用户管理主菜单

先在应用程序的主方法 main 中使用 System. out. println ( ); 输出语句，将功能菜单显示在控制应用程序中。

【例 8-1】 用户功能主菜单

实现代码如下：

```
public static void userMenu(){
    System.out.println("高铁购票系统用户主菜单");
    System.out.println("*********************");
    System.out.println("1、用户登录");
    System.out.println("2、用户注册");
    System.out.println("3、用户退出");
    System.out.println(">>>>>>>>");
    //用户功能主菜单选择功能的方法
    userOptions();
}
```

2. 功能菜单选择

使用 Scanner 对象获取用户输入的信息，并用 switch 语句判断，如果用户输入 1 表示使用登录功能，2 表示注册功能，3 表示退出系统。

【例 8-2】 用户选择功能选项

实现代码如下：

```
public static void userOptions(){
    System.out.print("请选择输入数字:");
    //定义 int 类型的变量接收用户输入的数字
    int num = scan.nextInt();
    switch (num) {
    case 1:
        //登录方法
        login();
        break;
    case 2:
        //注册实现的方法
        register();
        break;
    case 3:
        System.out.println("《安全退出,系统关闭!》");
        System.exit(0);
        break;
    }
}
```

3. 用户登录功能

定义数组存储用户信息，常见的变量一次只能存储一个用户，数组一次可以存储多个相同类型的数据。这里创建 *uname* 数组，定义长度为 100，可以同时存储 100 个用户；创建 *upsw* 用于存储用户的密码；创建 *umoney* 用于存储用户的卡上的金额；使用 init () 方法添加一个用户 admin 进行登录测试。对用户输入的用户名在 *uname* 数组中进行查找，如果存在则查看用户密码是否正确。这里主要注意的是在数组中没有存储元素时，值默认为 null，当查找到用户时就可以结束循环了。

【例 8-3】 用户登录功能实现

实现代码如下：

```
//存储用户名
static String [] uname = new String[100];
//存储密码
static String [] upsw = new String[100];
//存储用户余额
static int [] umoney = new int [100];
//初始化数据
public static void init(){
    uname[0] = "admin";
    upsw[0] = "admin";
    umoney[0] =10000;
}
```

```
    //用户登录
public static void login(){
    System.out.print("请输入账号:");
    //接收用户输入的用户名
    String username = scan.next();
    System.out.print("请输入密码:");
    //接收用户输入的密码
    String userpwd = scan.next();
    System.out.println(username);
for (int i =0;i < uname.length;i + +){
    //如果用户名不为空,则进入如下判断
    if (uname[i]! =null ){
        //比较用户名是否一致
        if (uname[i].equals(username)){
            //比较密码是否一致
            if (upsw[i].equals(userpwd)){
                loginName = username;
                System.out.println("登录成功!");
                gaoMenu();
            }else {
              System.out.println("密码错误,请重新输入!");
             login();
        }
    //用户名与录入的不相同,则提示重新输入
    }else {
            System.out.println("用户名不存在,请重新输入!");
            login();
                }
          }else {
      continue ;//用户名为空,则跳过本次循环,继续判断
  }
 }
}
```

4. 用户注册功能

将用户注册的数据添加到uname空的元素中进行保存下来，需要判断用户注册的用户名是否存在，如果存在则提示用户名已经存在，返回并重新进行用户注册；注册成功则返回到登录功能主菜单。

【例8-4】 用户注册功能实现

实现代码如下：

```
public static void register() {
    System.out.print("请输入账号:");
```

```
        String username = scan.next();
        System.out.print("请输入密码:");
        String userpwd = scan.next();
        //用户名是否存在
        for (int i = 0; i < uname.length; i + +) {
            if (uname[i].equals(username)) {
            System.out.println("用户名已存在,该用户已被注册");
            register();
            }else {
                uname[i] = username;//用户名
                upsw[i] = userpwd;//密码
                umoney[i] = 10000;//余额
                System.out.println("注册成功");
                userMenu();
                break ;
            }
        }
    }
```

总结

高铁购票系统用户管理功能的实现能让学生掌握输出语句的使用，在菜单的选项功能开发过程中了解业务的流程并对分支结构灵活运用。开发过程中用多个一维数组来存储用户的基本信息，让学生深刻理解到数组的使用。最后扩展地学习使用 exit () 方法来结束整个应用程序。

任务2　高铁购票系统的车次添加

【任务目标】

通过任务实现，完成以下学习目标：

- 掌握 Java 中如何创建方法并规范命名
- 掌握并了解 switch-case 结构
- 掌握实现类似功能要求的思路并成功写出代码
- 掌握代码书写流程

【任务描述】

- 搭建车次信息主菜单
- 查询用户信息
- 添加车次信息
- 任务实现效果如图 8－5～图 8－7 所示

```
高铁购票系统->主菜单
************************
          1、查询用户信息
          2、添加车次信息
          3、购票
          4、退票
          5、退出
>>>>>>>
```

图8－5　车次主菜单

```
**********************
编号      姓名      密码      净额
1         admin     admin     10000
回车返回上一级》》》
```

图8－6　查询用户信息

```
>>>>>>>
请输入车次号:2
请输入始发站:长沙
请输入发车时间:8:30
请输入耗时/小时:1:30
请输入终点站:宜春
请输入价格:157
添加成功!
**********************************************
是否继续添加y/n?
```

图8－7　添加车次信息

【任务实施】

1. 搭建车次信息主菜单

列出相关功能菜单，使用 switch 分支结构实现用户的菜单选择功能。

【例 8-5】高铁车次功能菜单

实现代码如下：

```
public static void gaoMenu() {
        System.out.println("高铁购票系统 - >主菜单");
        System.out.println("************************");
        System.out.println("\t1、查询用户信息");
        System.out.println("\t2、添加车次信息");
        System.out.println("\t3、购票");
        System.out.println("\t4、退票");
        System.out.println("\t5、退出");
        //高铁车次功能菜单
        gaoOptions();
}
public static void gaoOptions() {
        System.out.println(">>>>>>>>");
        System.out.print("请选择,请输入数字:");
        int num = scan.nextInt();
        switch (num) {
        case 1:
            //查询用户信息
            selectUser();
            break;
        case 2:
            //添加车次信息功能
            add();
            break;
        case 3:
            //购买车票
            buyTickets();
            break;
        case 4:
            //退票功能
            returnTicket();
            break;
        case 5:
            //回到登录主菜单
            userMenu();
            break;
        default:
            //回到登录主菜单
```

```
            userMenu();
            break;
        }
    }
```

2. 查看用户信息功能

利用遍历将 uname、upsw、umoney 三个数组中的数据显示出来，需要注意的是在遍历的过程中只查看已经存在的用户，数组元素为 null 值的用户不需要查看。

【例 8-6】用户查询功能实现

实现代码如下：

```
public static void selectUser(){
    System.out.println("*************************");
    System.out.println("编号\t 姓名\t 密码\t 金额\t");
    for (int i=0; i<uname.length; i++) {
        //输出数组中非空的值
        if (uname[i]! =null) {
            System.out.print((i+1)+"\t");
            System.out.print(uname[i]+"\t");
            System.out.print(upsw[i]+"\t");
            System.out.print(umoney[i]+"\t");
            System.out.println();
        }
    }
    System.out.println("回车返回上一级》》》");
    scan.nextLine();
    scan.nextLine();
    gaoMenu();
}
```

3. 用户安全退出功能

当用户购票结束后为保证系统安全和账户安全，可以使用 Java 中的 System. exit (0) 退出控制台程序。

4. 查询所有车次信息

创建二维数组 trainInfo 来存储车次号、始发站、发车时间、耗时、终点站、价格，初始化数据，并使用循环将二维数组中的数据取出来，通过输出语句显示出来。

【例 8-7】车次查询功能实现

实现代码如下：

```
    //存储车次信息
```

```
    static String[][] trainInfo = new String[100][6];
    public static void init1(){
        trainInfo[0][0] = "1";
        trainInfo[0][1] = "长沙";
        trainInfo[0][2] = "9:00";
        trainInfo[0][3] = "1:30";
        trainInfo[0][4] = "武汉";
        trainInfo[0][5] = "164.5";
    }
//查询车次信息功能
    public static void selectHig() {
        System.out.println("\t\t 已有车次信息");
        System.out.println("***********************************");
        System.out.println("车次号\t 始发站\t 发车时间\t 耗时\t 小时\t 终点站\t 价格");
        for (int i = 0; i < trainInfo.length; i++) {
            //判断二维数组中是否有元素存在
            if (trainInfo[i][0]! = null) {
                System.out.print(trainInfo[i][0]);
                System.out.print("\t" + trainInfo[i][1]);
                System.out.print("\t" + trainInfo[i][2]);
                System.out.print("\t" + trainInfo[i][3]);
                System.out.print("\t" + trainInfo[i][4]);
                System.out.print("\t" + trainInfo[i][5]);
                System.out.println();
            }else {
                //数组中没有元素时不再循环,结束整个循环
                break;
            }
        }
}
```

5. 添加车次信息

将用户输入的车次号、始发站、发车时间、耗时、终点站、价格存储到 *trainInfo* 数组中，需要根据用户输入的 id 车次号查询车次信息是否已经存在，如果存在则提示用户重新添加，不能有重复的车次信息出现，添加结束后还可以继续添加，也可以返回到主菜单。

【例 8-8】添加车次信息的功能实现

实现代码如下：

```
//添加车次信息
    public static void  add() {
        System.out.println("高铁购票系统 - >主菜单 - >添加车次信息");
        System.out.println("***************************************");
        selectHig();
        System.out.println(">>>>>>> ");
        System.out.print("请输入车次号:");
```

```
String id = scan.next();
int i = 0;
for (; i < trainInfo.length; i ++) {
    if (trainInfo[i][0]! = null&&trainInfo[i][0].equals(id)){
        System.out.println("车次已存在,请重新添加车次信息");
        add();
    }
}
i = Integer.parseInt(id) -1;
System.out.print("请输入始发站:");
String begin = scan.next();
System.out.print("请输入发车时间:");
String begindate = scan.next();
System.out.print("请输入耗时/小时:");
String takeuptime = scan.next();
System.out.print("请输入终点站:");
String enddate = scan.next();
System.out.print("请输入价格:");
String price = scan.next();
//存储车次信息
trainInfo[i][0] = id;
trainInfo[i][1] = begin;
trainInfo[i][2] = begindate;
trainInfo[i][3] = takeuptime;
trainInfo[i][4] = enddate;
trainInfo[i][5] = price;
System.out.println("添加成功!");
System.out.println("****************************************");
System.out.println("是否继续添加 y/n?");
String b = scan.next();
if (b.equals("y")) {
      add();
  }else {
      gaoMenu();
  }
}
```

总 结

车次添加功能的实现是通过二维数据来存储车次信息，让学生掌握了二维数组存储数据的方式。在数据动态初始化的过程中，当字符串类型的数组元素未指定初始值时，元素的值为null；整数类型的数组元素未指定初始值时，默认值为0。

完成任务需要具备较强的责任感和分析能力。实际项目的编程中需要大家对业务流程非常熟悉，将其转换成程序。本任务讲授了软件项目的开发方法，设计满足特定需求的系统，并在设计环节中体现创新意识。

任务 3　高铁购票系统的购票功能实现

【任务目标】

通过任务实现，完成以下学习目标：

- 掌握 Java 中如何创建方法并规范命名
- 掌握并了解 switch-case 结构
- 掌握实现类似功能要求的思路并成功写出代码
- 掌握代码书写流程

【任务描述】

- 购买车票
- 任务实现效果如图 8－8 和图 8－9 所示

```
                         高铁购票
*********************************************
车次号     始发站     发车时间   耗时/小时   终点站     价格
购买车票的总价格为：0.0¥
您的当前金额为：10000.0¥
                         已有车次信息
*********************************************
车次号     始发站     发车时间   耗时/小时   终点站     价格
1         长沙       9:00      1:30       武汉       164.5
>>>>>>>
请输入要购买的车次号：
```

图 8－8　购买车票信息

```
                         高铁购票
*********************************************
车次号     始发站     发车时间   耗时/小时   终点站     价格
购买车票的总价格为：164.5¥
您的当前金额为：9835.5¥
                         已有车次信息
*********************************************
车次号     始发站     发车时间   耗时/小时   终点站     价格
1         长沙       9:00      1:30       武汉       164.5
>>>>>>>
请输入要购买的车次号：
```

图 8－9　已购买车票信息

【任务实施】

创建 loginName 变量来存储当前登录的用户名，创建 thistrainID 数组来存储用户已购买的车次号。通过当前用户名查找到用户的余额，存储到变量 coin 中。通过 thistrainID 数组中用户购买的车票号查询出车次的详细信息，计算购买的所有车票价格之和并存储在 sum 变量中。在用户购买车票时，判断用户的余额是否能购买车票，如果用户无法购买车票则提示用户“余额不足”，如果可以购买则用账户余额减车票金额进行结算。

【例 8-9】购买车票功能实现

实现代码如下：

```
//定义数组来存储车次号
static String[] thistrainID = new String[100];
//购票功能
public static void buyTickets(){
    select();
    if (coin - sum > 0) {
        //调用所有车次信息列表显示的方法
        selectHig();
        System.out.println(">>>>>>>>");
        System.out.print("请输入要购买的车次号:");
        String id = scan.next();
        //循环当前购买的车次信息
        for (int i = 0; i < thistrainID.length; i++) {
        //判断数组中值为 null 的位置,将车次信息添加到数组中
        if (thistrainID[i] == null ){
            thistrainID[i] = id;
            //结束整个循环
            break;
        }
    }
    System.out.println(">>>>>>>>");
    System.out.print("是否继续购买? y/n:");
    String b = scan.next();
    //判断用户输入的是 y or n
    if (b.equals("y")) {
        buyTickets();
    }else {
        System.out.println("回车返回上一级》》》");
        scan.nextLine();
        scan.nextLine();
        gaoMenu();
    }
}else {
    System.out.println("您的余额不足!");
    System.out.println("回车返回上一级》》》");
```

```
        scan.nextLine();
        gaoMenu();
        }
    }

    //定义变量存储总票价
    static double sum =0;
    //显示当前用户的余额
    static double coin =0;
    //查询用户的购买车票与结算
    public  static void select() {
        System.out.println("***********************************");
        System.out.println("\t \t 高铁购票");
        System.out.println("***********************************");
        System.out.println("车次号 \t 始发站 \t 发车时间 \t 耗时/小时 \t 终点站 \t 价格");
        //遍历购买车票信息表中的数据
        for (int i =0; i < thistrainID.length; i + +) {
            if (thistrainID[i] ! =null ) {
                //循环车次信息表中的所有数据
                for (int j =0; j < trainInfo.length; j + +) {
                if (trainInfo[j][0]! =null ) {
                    //判断在车次信息数组中是否存在与购票信息相同的车次信息
                    if (trainInfo[j][0].equals(thistrainID[i])) {
                        System.out.print(trainInfo[j][0]);
                        System.out.print("\t" + trainInfo[j][1]);
                        System.out.print("\t" + trainInfo[j][2]);
                        System.out.print("\t" + trainInfo[j][3]);
                        System.out.print("\t" + trainInfo[j][4]);
                        System.out.print("\t" + trainInfo[j][5]);
                        String str = trainInfo[j][5];
                        //累加求购买车票的总金额
                        sum + =Double.parseDouble(str);
                        System.out.println("");
                    }else {
                        continue;
                    }
                }else {
                    break;
                }
            }
        }else {
            break;
        }
    }
```

```
    System.out.println("购买车票的总价格为:" + sum + "¥");

    //查询所有用户信息
    for(int i = 0; i < uname.length; i++){
        if(loginName.equals(uname[i])){
            coin = (double)umoney[i];
            break;
        }
    }
    coin = coin - sum;
    if(coin > 0){
        System.out.println("您的当前金额为:" + coin + "¥");
    }else{
        System.out.println("您的余额不足!");
    }
}
```

总 结

购票功能中首先查询用户的余额，余额在存储时使用字符串类型，要强制转换为浮点型数据才能进行运算。如果数据中存在字符类无法强制转换类型时，要灵活地使用字符串截取功能，首先去掉其中的字符，留下数字部分，再进行强制转换。

任务4　高铁购票系统的退票功能实现

【任务目标】

通过任务实现，完成以下学习目标：

- 掌握扫描器的使用
- 掌握 Java 中的输入输出语句
- 掌握一维数组和二维数组的使用
- 掌握 if 语句和运算符的使用
- 掌握方法的调用
- 掌握数据类型的转换和 double 类型的用法

【任务描述】

- 显示已购买车票，输入要退购的车次号并进行退票
- 任务实现效果如图 8－10 所示

```
*********************************************
                  高铁购票
*********************************************
车次号    始发站    发车时间    耗时/小时    终点站    价格
1         长沙      9:00        1:30         武汉      164.5
购买车票的总价格为：164.5￥
您的当前金额为：9835.5￥
>>>>>>>
请输入要退票的车次号:1
退票成功
输入回车返回主菜单
```

图 8－10　退票功能

【任务实施】

首先需要找到用户购买的车票信息，判断用户输入要退票的车次号是否存在，如果存在，在用户购买车次的数组 thistrainID 中找到车次号的元素位置并赋值为 null，将退款的金额加入到用户的余额 umoney 中，退票、退款功能完成。

【例 8－10】 退票功能实现

实现代码如下：

```
//退票功能
public static void returnTicket() {
        select();
        System.out.println(">>>>>>>");
        System.out.print("请输入要退票的车次号:");
```

```
        String id = scan.next();
        //用于判断用户是否购买了车票
        boolean b = false;
        //循环查找已购买车票的数组
        for (int i =0; i < thistrainID.length; i ++) {
            //如果找到与用户输入的车次信息相同的元素
            if (thistrainID[i]! =null ||thistrainID[i].equals(id)) {
                thistrainID[i] = null;
                b = true;
                break;
            }else {
                System.out.println("您没有购买该车票");
                break;
            }
        }
        //退票成功并执行退款操作
        if (b) {
            //循环车票信息并查询退票车次的车票价格
            double price = 0;
            String str = trainInfo[Integer.parseInt(id) -1][5];
            price = Double.parseDouble(str);

            //将票价加入到用户的余额中
            coin = coin + price;

            for (int i =0; i < uname.length; i + +) {
                //用户数组中该用户的位置下标信息
                if (uname[i] = = loginName) {
                    umoney[i] = (int )coin;
                }
            }
        }
        System.out.println("退票成功");
        System.out.println("输入回车返回主菜单");
        scan.nextLine();
        scan.nextLine();
        gaoMenu();
}
```

扫码看视频

总结

通过退票功能的实现，学生可以更深刻地理解数组的遍历过程，当遍历到空的元素时，系统会报错，即当数组元素值为空时无法使用。在数组遍历的过程中，要灵活地运用 break 语句来结束循环。

退票功能的判断流程较多，更多地考查在工作和项目研发过程中的责任意识。项目开发流程主要包括项目需求分析、项目设计、项目实现等过程。通过对项目的整体设计，学生可以加强研究和创新能力以及团队的合作能力。

参考文献

[1] 徐义晗，黄丽萍，史梦安，等. Java语言程序设计［M］. 北京：高等教育出版社，2019.
[2] 徐义晗，史梦安，史志英，等. Java程序设计项目化教程［M］. 北京：北京大学出版社，2011.
[3] 徐红，王灿. Java程序设计［M］. 北京：高等教育出版社，2013.
[4] 陈艳平，徐受蓉. Java语言程序设计实用教程［M］. 2版. 北京：北京理工大学出版社，2019.
[5] 陈芸，顾正刚. Java程序设计项目化教程［M］. 2版. 北京：清华大学出版社，2015.
[6] 袁梅冷，李斌，肖正兴，等. Java应用开发技术实例教程［M］. 北京：人民邮电出版社，2017.
[7] 眭碧霞，蒋卫祥，朱利华，等. Java程序设计项目教程［M］. 北京：高等教育出版社，2015.
[8] 明日科技. Java经典编程300例［M］. 北京：清华大学出版社，2011.
[9] ECKEL B. Java编程思想［M］. 3版. 陈昊鹏，译. 北京：机械工业出版社，2006.